Industriewirtschaftliche Abhandlungen

Herausgegeben von Prof. Dr. G. Briefs und Prof. Dr. W. Prien

Technische Hochschule zu Berlin

Erstes Heft

Die
Großberliner Stadtentwässerung

Von

Dr.-Ing. Reinhard Lobeck

Mit 2 Textabbildungen

Springer-Verlag Berlin Heidelberg GmbH

ISBN 978-3-642-89121-2   ISBN 978-3-642-90977-1 (eBook)
DOI 10.1007/978-3-642-90977-1

Vorwort.

Die nachfolgende Arbeit ist in den Seminaren der Herren Geh. Reg.-Rat Prof. Dr. B r i x und Prof. Dr. P r i o n entstanden. Sie behandelt die Großberliner Stadtentwässerung in organisatorischer und betriebswirtschaftlicher Hinsicht, wobei die technische Seite nur insoweit herangezogen wurde, als es zur Lösung der mir gestellten Aufgabe notwendig erschien.

Die Arbeit hätte nicht vollendet werden können, wenn ich nicht bei den zuständigen städtischen Stellen das größte Entgegenkommen gefunden hätte. Ich spreche ihnen auch an dieser Stelle meinen besonderen Dank aus.

B e r l i n , im Dezember 1927.

Reinhard Lobeck.

Inhaltsverzeichnis.

I. Technische Grundlagen.

1. In der Kernstadt Berlin.

Im Jahre 1860 wurde der Geheime Oberbaurat Wiebe vom preußischen Staat beauftragt, auf Grund von örtlichen Untersuchungen über die praktische Bewährung der in Paris, London und anderen Städten Englands zur Anwendung gekommenen Entwässerungssysteme einen Plan zur Reinigung und Entwässerung der Stadt Berlin auszuarbeiten.

Obwohl das Wiebesche Projekt nicht zur Ausführung gekommen ist, soll es an dieser Stelle dennoch kurz besprochen werden, weil es an sich durchaus der Erörterung wert war und grundsätzlich auch heute noch einer Beachtung würdig erscheint.

A. Das Projekt von Wiebe.

Als Vorbild diente Wiebe der Kanalisationsplan von London, der von Bazalgette entworfen worden ist, mit dem System der Abfangkanäle (intercepting Sewers). Nach seinem Projekt gelangt das Regen- und Brauchwasser durch Querkanäle, die nahezu dem Wasserlauf parallel angeordnet sind, in die Hauptkanäle. Das ganze System der Haupt- und Spülkanäle vereinigt sich an der Pumpstation. Hier sollte das Abzugswasser zunächst in einem etwas tiefer gelegenen Schlammfange soweit zur Ruhe gebracht werden, daß Sand und Steine sich ablagerten. Dann sollte es durch Pumpen in einen 4,20 m höher gelegenen Kanal gehoben werden, um an einer passenden Stelle in die Spree zu fließen. Zur Ersparnis an Bau- und Betriebskosten wurde die Anlage nur einer Pumpstation geplant, sodaß der linksseitige Hauptkanal an einer günstigen Stelle unter der Spree hindurchgeführt werden sollte. Bei der großen Längenausdehnung der Abfangkanäle war die Wahl des Gefälles von einschneidender Bedeutung; bestimmt doch das Gefälle die Tiefenlage eines Kanals und diese wiederum seine Kosten, und zwar die Anlage- und Betriebskosten, da bei größeren Tiefen die dauernden Kosten des Auspumpens unverhältnismäßig hoch werden. Nach dem Beispiel von London, wo Haupt-Abzugskanäle mit einem Gefälle von 1 : 2640 zu Bedenken keinen Anlaß gegeben hatten, schlug Wiebe das Verhältnis 1 : 2400 für Berlin vor.

Der Wiebesche Plan hatte zur Folge, daß sowohl die Staatsregierung als auch der Magistrat Berlin sich ernstlich und eingehend mit der Entwässerungsfrage befassen mußten.

Die Staatsregierung erklärte sich auf eine Vorstellung des Magistrats bereit, im Falle der Ausführung der Entwässerung einen Beitrag dafür zu leisten. Nach diesem günstigen Bescheid hielt der Magistrat den richtigen Zeitpunkt für gekommen, der Stadtverordnetenversammlung die Ausführung des Wiebeschen Projektes zu empfehlen. Obiger Antrag lag vor am 15. Mai 1866. Am 6. Dezember 1866 lehnte aber die Stadtverordnetenversammlung den Antrag in der vorliegenden Form ab, so daß eine gemischte Deputation eingesetzt werden mußte, die aufs neue sich mit der in Rede stehenden Frage zu befassen hatte. Die Staatsregierung bekundete ihr Interesse an der beschleunigten Lösung der Berliner Entwässerungsfrage, indem sie zur Bestreitung der Unkosten für die erforderlichen Vorarbeiten 10 000 Taler dem Magistrat Berlin auszahlte.

Infolge des Beschlusses der Kommunalbehörden vom 2. März 1869 wurde darauf der Baurat Hobrecht mit der Ausführung bzw. Leitung der beschlossenen Voruntersuchungen beauftragt, und außerdem der Professor Alexander Müller zur Ausführung der bei den Vorarbeiten vorkommenden chemischen Analysen engagiert. Baurat Hobrecht arbeitete ein generelles Projekt für die Entwässerung Berlins aus, welches im wesentlichen von dem Wiebeschen Plan darin abwich, daß das Gesamtgebiet der Stadt nicht zentral entwässert werden sollte, sondern in mehrere selbständige Entwässerungsgebiete, Radialsysteme genannt, zerlegt wurde, deren Entwässerung gesondert nach den außerhalb des Stadtbezirks gelegenen Rieselfeldern erfolgen sollte.

Die fachmännische Entscheidung über die Wahl eines der beiden Projekte lag in Händen der „gemischten Deputation" unter Vorsitz des Professors Dr. Virchow. Dieser entschied sich im Dezember 1872 für den Vorschlag Hobrecht. Der Magistrat und die Stadtverordnetenversammlung schlossen sich dieser Entscheidung an und genehmigten die Ausführung des Hobrechtschen Projektes.

Zur Begründung der Wahl des erwähnten Systems gegenüber dem des Baurats Wiebe wurde im „Generalbericht der gemischten Deputation" im Dezember 1872 angeführt:

„Das Hobrechtsche System hat den Vorzug, daß die Störungen, welche in einem Radialsystem vorkommen, ausgeglichen werden können, ohne daß die anderen dadurch beteiligt werden, ja indem die anderen im Notfall zur Aushilfe mit herangezogen werden können."

„Es bedarf ferner keiner weitläufigen Ausführung, daß die natürlichen Bodenverhältnisse innerhalb eines kleineren Flächengebietes viel zweckmäßiger ausgenutzt, das vorhandene Gefälle bei kürzeren Kanalleitungen weit ausgiebiger verwertet werden kann, und daß die Ausführung eine viel geringere finanzielle Belastung herbeiführt, insofern die Kanäle weniger tief in den Erdboden und in das Grundwasser eingesenkt und statt langer und umfangreicher gemauerter Sammelkanäle sehr viel kürzere und kleinere errichtet werden können."

B. Das ausgeführte Projekt von Hobrecht.

Das ganze Gebiet der heutigen Kernstadt wird in 12 Radialsysteme geteilt. Von ihnen liegen die Radialsysteme I, II, III, VI, VII am linken Spreeufer, während die Radialsysteme IV, V, VIII, IX, X, XI und XII das rechte Spreeufergebiet umfassen.

Maßgebend für die Begrenzung der einzelnen Radialsysteme sind ausschließlich topographische und hydrologische Gesichtspunkte.

Das Haus- und Regenwasser wird durch ein Netz von unterirdischen Leitungen den Pumpstationen zugeführt, welche es ohne Aufenthalt mittels Druckrohrleitungen auf kürzestem Wege auf die Rieselfelder befördern. Von den Punkten, an denen die Leitungen die Rieselfelder erreichen, teilen sie sich in einzelne Zweige, von welchem jeder nach einem höher gelegenen Punkte des Rieselfeldes führt, wo Auslaßschieber angeordnet sind. Von diesen relativ hoch gelegenen Punkten wird das herausfließende Wasser auf die Bewässerungsgräben der Rieselfelder verteilt.

Den Bewässerungsgräben entsprechen Entwässerungsgräben, welche das in den Untergrund versunkene und durch die Filtration des Bodens gereinigte Rieselwasser durch Drains, oder wo solche nicht vorhanden sind, aus dem Boden direkt wieder aufnehmen und den Vorfluten sodann zuführen. Eine unmittelbare Verbindung der Be- und Entwässerungsgräben und ein unmittelbares Einströmen der ungereinigten Rieselwässer aus jenen in diese wird durch breitere Wege oder hochgelegene Dämme verhindert.

a) Das Leitungsnetz, seine Berechnungsunterlagen und Gesamtanordnung.

Die Berechnung der Leitungsprofile erfolgte für die Radialsysteme I bis X und XII nach der alten Eytelweinschen Formel

$$Q = 50 \sqrt{RJF},$$

worin Q = Wassermenge in cbm,

F = Querschnitt des Leitungsprofiles in qm,

R = der hydraulische Radius $\dfrac{F}{p}$, worin p den benetzten Umfang angibt,

J = relatives Gefälle der Leitung.

Von großem Einfluß auf die Größenbemessung der Kanäle ist also die Annahme der Wassermengen, und zwar

1. der Brauchwassermenge,
2. der Regenwassermenge.

Zu 1. wurde in Berlin die Annahme von 1,545 Sekundenliter für das Hektar gemacht, was einer Bevölkerungsdichtigkeit von 783 Einwohnern auf ein ha und einem Tagesverbrauch von 127,5 l für den Kopf der Bevölkerung entspricht, von welch letzterer Menge die Hälfte in 9 Stunden abgeführt werden soll.

Zu 2. wurde ein Regenfall von 22,88 mm/St. = 63,556 sl/ha berücksichtigt, von dem angenommen war, daß infolge von Verdunstung, Versickerung und verlangsamtem Abfluß nur ein Drittel in die Leitungen gelangt, also = 21,185 sl/ha.

Die neueren Erfahrungen haben erkennen lassen, daß die für die Bemessung der Leitungsquerschnitte ausschlaggebende Menge des Regenwassers in doppelter Hinsicht zu klein gewählt worden war.

1. war der Regenfall mit 22,88 mm/St. als solcher unterschätzt,
2. war nach eingehenden Beobachtungen festgestellt worden, daß für die oben erwähnten, die Wassermenge verringernden Faktoren höchstens 45—50% in Ansatz gebracht werden dürfen, so daß also nur dieser Prozentsatz Wasser nicht in die Leitungen gelangt.

Zudem brachte die wissenschaftliche Forschung die Erkenntnis, daß die Eytelweinsche Formel überhaupt keine genauen Ergebnisse mehr über die Leistungsfähigkeit von Profilen bringen kann, weil in ihr der Einfluß des hydraulischen Radius auf den Geschwindigkeitsbeiwert c nicht berücksichtigt wird.

Die Alt-Berliner Leitungen der Radialsysteme I—X und XII sind daher auf der Grundlage einer Norm dimensioniert, die zwar nach dem damaligen Stand der Wissenschaft zu rechtfertigen war, den heute geltenden Grundsätzen dagegen nicht in vollem Maße genügt. Nur das Radialsystem XI ist abweichend davon mit Berücksichtigung der neueren Forschungsergebnisse ausgebaut.

Allerdings haben die Hobrechtschen Annahmen dadurch einen günstigen Ausgleich erhalten, daß der Einfluß der Verzögerung auf die Dimensionierung der Leitungen damals außer acht gelassen worden ist, also ein Dauerregen eingesetzt ist, welche Umstände die als zu gering bezeichnete Norm etwas ausgleichen.

Unter Zugrundelegung eines Regens von 0,55 mm/Min. = 91,6 sl/ha und 20 Minuten Dauer, von welchem 55% = 50,42 sl/ha in die Leitungen gelangen soll — und bei früherer Brauchwassermenge, mithin eines gesamten Abwassers von 52 sl/ha, wurde im R.S. XI die Bazinsche Formel $Q = \dfrac{87\,RF}{0,30 + F\sqrt{R}} \cdot \sqrt{J}$ benutzt.

Damit genügte man den neueren Forderungen der Wissenschaft an die Leitungsfähigkeit des Kanals.

Das wie oben angedeutet berechnete und ausgeführte Straßenleitungsnetz verläuft innerhalb der einzelnen Radialsysteme im allgemeinen vom Stadtinnern nach der Peripherie hin. Es besteht in seinen Anfängen aus Tonröhren, die von 21 cm Durchmesser an von 3 zu 3 cm steigend bis 63 cm Durchmesser anwachsen, geht dann in gemauerte Eikanäle von 0,9 m Höhe über, die sich an der Peripherie des Systems zu dem sogenannten Stammkanal vereinigen und in einen Sandfang von 10—12 cm Durchmesser ausmünden. Infolge der im Sandfang verringerten Geschwindigkeit setzen sich in diesen die Sinkstoffe des Schmutzwassers ab. Hier werden auch Papier, Lumpen, Obstschalen u. a. m. durch ein verschieden ausgebildetes Gitter aufgefangen, bevor das Abwasser in die Pumpen und von dort durch ein eisernes Druckrohr auf die Rieselfelder gelangt.

Die annähernd horizontale Lage der Stadt erschwerte die Projektierung der Kanalisation in erheblichem Maße. Insbesondere mußte durch diese Situation das Gefälle der Leitungen auf das äußerste reduziert werden. Die Einteilung der Gesamtentwässerung der Stadt in kleinere Entwässerungsgebiete gestattete scharfe Ausnutzung der Boden- und Gefällverhältnisse. Danach sind die Gefälle streckenweise sehr gering, was auf die Kosten der Reinigung und Unterhaltung von ungünstigem Einfluß ist.

Die Ausführung hat im Eigenbetrieb stattgefunden, während Lieferungen, wie die der Mauersteine, Zement, Tonrohre, Maschinen, gußeisernen Rohre und sonstige Eisenteile, in der Regel auf dem Wege der beschränkten Verdingung beschafft wurden.

Die Bauleitung eines Radialsystems war einem Abteilungs-Baumeister übertragen, dem die nötigen Hilfskräfte an Bauführern, Landmessern, Ingenieuren, Technikern, Aufsehern, Sekretären und Schreibern beigegeben und unterstellt waren. Die Oberleitung lag in den Händen des Geheimen Baurats Hobrecht.

b) Notausläße.

Zur Entlastung des Leitungsnetzes bei starken Regenfällen sind Notausläße angeordnet, denen in Berlin aus oben erwähnten Gründen eine ganz außergewöhnliche Bedeutung zukommt.

Hobrecht hat in selbsttätigen Klappen und Türen eine ständige Gefahr für das Leitungsnetz erblickt und aus diesem Grund nur Überfallschwellen angeordnet. Nur sieben der auf den Pumpstationen befindlichen Hauptnotausläße (Pumpstationen I, II, III, V, VII, IX und XIII) sind als Schützenwehre ausgebildet worden, die von Hand bedient werden müssen, während die Zahl der selbsttätigen Überfälle 115 beträgt.

Diese Hauptnotauslässe haben insofern bestimmend auf die Lage der Pumpstationen eingewirkt, als man um ihretwegen die Nähe der öffentlichen Wasserläufe aufsuchte. Die Überfallschwellen sind bei den Kanälen meist in Kämpferhöhe, bei den Tonrohrleitungen in Scheitelhöhe angeordnet. Der Verdünnungsgrad ist daher verschieden, er schwankt zwischen 1 : 10 und 1 : 6.

Nach den Rieselfeldern gefördert wurden als Maximum die doppelte Brauchwassermenge, so daß bei heftigem Regen ein Anstau in den Sammelkanälen unvermeidlich war. Heute sind Bestrebungen im Gange, mehr Wasser hinauszupumpen.

c) Pumpwerke.

Jedes Radialsystem besitzt ein Hauptpumpwerk, das die Abwässer in Druckrohrleitungen nach den Rieselfeldern schafft. Das ergibt für die Kernstadt Berlin 12 Hauptpumpwerke, daneben war noch der Bau einer Zwischenpumpstation erforderlich, um die Abwässer der Schloßinsel in einen der Sammelkanäle des Radialsystems III zu leiten.

Zuerst waren die Pumpwerke sämtlich für Dampfbetrieb eingerichtet. Nach und nach kam auch der elektrische Antrieb in Anwendung, in neuerer Zeit der Dieselbetrieb. Die heutigen Auffassungen über die Frage des Dampf-, elektrischen oder Dieselbetriebes sind sehr geteilt. In der Stadtentwässerung Berlin zeigt die Erfahrung, daß wohl alle drei Arten ungefähr gleich stark sind; deshalb hat der Wettbewerb in letzter Zeit an Schärfe zugenommen. Ein unzweifelhafter Vorteil der beiden anderen Arten gegenüber dem Dampfbetrieb besteht in der besseren Konzentration von PS auf einen bestimmten Raum. Dennoch kann nicht behauptet werden, daß der Dampfbetrieb in nächster Zeit den anderen Arten des Antriebes weichen müßte.

Als Nachteil des elektrischen Antriebes bleibt die Abhängigkeit vom Elektrizitätswerk bestehen. Die Betriebsgefahr der elektrischen Zuleitungen, die geringere Regulierarbeit der einzelnen Maschine im Vergleich zum Dampfbetrieb sind mit die wesentlichsten Faktoren, die den vollen Sieg der Elektrizität verhindern. Zudem kommt noch ein ungünstig wirkendes finanzielles Moment. Für die Aufspeicherung von Kraft im Falle der Maximalbelastung ist laufend eine Vorhaltegebühr an das Elektrizitätswerk zu zahlen.

Der Dieselmotor hat in den oben erwähnten Punkten dieselben Vorteile wie die Dampfmaschine und noch den Vorteil des elektrischen Antriebes, nämlich den der großen Anpassungsfähigkeit an die Großwassermengen. Aber die großen Reparaturkosten und vor allem die häufig vorkommenden Defekte lassen es nicht zu, diesen Betrieb als den besten hinzustellen.

d) Druckrohrleitungen.

Die Berliner Rieselfelder liegen zu den Pumpwerken verschieden hoch. Die statische Hubhöhe schwankt zwischen 20—30 m. Die Rohrleitungen haben je nach der Lage des zugehörigen Rieselfeldes eine Länge von 8 und 33 km. Der Durchmesser, abhängig von der Fördermenge und Leistung, beträgt 0,75 m, 1 m und 1,2 m. Fast jede Pumpstation hat ihr eigenes Druckrohr; häufig sind durch große Schieber absperrbare Verbindungsleitungen hergestellt worden, so daß bei Außerbetriebsetzung eines Druckrohres dasjenige einer anderen Station aushilfsweise mitbenutzt werden kann. Die größten Stationen IV und V haben je ein Druckrohr und außerdem vorläufig noch ein gemeinsames Rohr von 1,0 m als Reserveleitung. Die Röhren sind mit ungefähr 1,0—1,2 m Deckung in den Straßen verlegt und folgen im allgemeinen dem Geländeprofil. An den hoch gelegenen Stellen sind Lufthähne angeordnet. Die tief liegenden Teile der Rohrstrecken haben Entleerungsleitungen von 20 cm Durchmesser, die bei Rohrdefekten notwendig sind. Für die südliche Rohrstrecke Berlin-Osdorf waren die Vorflutverhältnisse für diese Anordnung nicht geschaffen. Hier behalf man sich mit Überpumpvorrichtungen, deren Zentrifugalpumpe früher mittels Lokomobile, jetzt unter Verwendung von Elektromotoren angetrieben wird. Im Alt-Berliner Netz sind gußeiserne und schmiedeeiserne Rohre verlegt worden. Über die Frage, welches Material für diesen Zweck besser geeignet ist, läßt sich ein abschließendes Urteil wegen der zu geringen Liegedauer der schmiedeeisernen Rohre nicht bilden.

Beide Materialien haben sich bis jetzt gut bewährt. Bei gußeisernen Rohren mit zylinderischen Muffen, die anfänglich verlegt wurden, lockerte sich die Bleidichtung bisweilen im Betrieb. Dieser Nachteil wird jetzt durch die konischen Muffen vermieden. Die Kostenfrage wird letzten Endes entscheidend sein. Bei schmiedeeisernen Rohren kann im allgemeinen eine Verbilligung gegenüber den gußeisernen eintreten, weil die entsprechenden Baulängen sich wie 6 : 4 verhalten und aus diesem Grunde bei ersteren an Dichtungsmaterial gespart werden kann. Ein Vorteil der schmiedeeisernen Rohre ist die geringere Empfindlichkeit gegen Stöße und sonstige Erschütterungen. Aus diesen Gründen gewinnen die schmiedeeisernen Rohre in letzter Zeit an Bedeutung. Bei Leerlauf der Rohre, welcher Zustand allerdings im Betrieb nicht eintreten darf, wirken die Kanalgase zersetzend auf beide Materialien ein.

2. In den Vororten.

Die meisten Berliner Vororte haben sich viel später zum Bau von Kanalisationen entschlossen. Sie waren also in der glücklichen Lage,

die in der Kernstadt Berlin gemachten Erfahrungen zweckentsprechend
anzuwenden. Daher kommt es, daß einige von ihnen nach neueren,
von Alt-Berlin abweichenden Gesichtspunkten arbeiten. Die Verschiedenheit der Gesamtanlagen liegt entweder in der Anordnung des
Kanalnetzes oder in der Wahl der Abwässerreinigung. Als Beispiele
der ersten Art sind u. a. Treptow und Schöneberg, als solche der zweiten
Art der Zweckverband Wilmersdorf-Zehlendorf-Schmargendorf und
Teltow sowie die Gemeinde Köpenick zu nennen. Die beiden letzten
Beispiele haben aber auch wie die erst angeführten eine abweichende
Anordnung ihres Entwässerungssystems gegenüber der Kernstadt. In
diesem Abschnitt sollen einige charakteristische Beispiele weiter unten
besprochen werden.

Einige von den Vororten sind sogleich dem Beispiel Berlins gefolgt,
so z. B. die Stadtgemeinde Charlottenburg.

Während im Falle Berlin die beiden zur Debatte stehenden Entwürfe
von Wiebe und Hobrecht sich in der Wahl des Mischsystems als
solchem nicht unterschieden, spielte hier die Frage, ob das Misch- oder
Trennsystem zu wählen sei, eine bedeutende Rolle.

Durch die Verwendung des Zementbetons bei Regenwasserleitungen
wurde im Kostenanschlag gegenüber der Verwendung von Steinzeug-
röhren und Klinkermauerwerk beim Mischsystem eine Ersparnis von
426 000 M. erzielt. Dieser finanzielle Vorsprung des Trennsystems allein
genügte den städtischen Körperschaften, um sich dafür zu entscheiden.
Dennoch scheiterte die Ausführung dieses Projektes an der Forderung
der Staatlichen Behörde, vom Spandauer Schiffahrtskanal die Ein-
leitung jeglicher Abwässer fernzuhalten und diejenige vom Verbindungs-
kanal nach Möglichkeit einzuschränken. Bei der Umarbeitung der Entwürfe stiegen die Kosten des Trennsystems unverhältnismäßig hoch,
so daß schließlich das Mischsystem mit dem Überrieselungsverfahren
nach dem Muster Berlins zur Ausführung kam.

Charlottenburg wurde in 3 Kanalisationssysteme geteilt. Der Teil
des östlichen Stadtgebietes, welcher sich in der Kurfürstenstraße unmittelbar an Berlin anschließt, konnte von vornherein von dem Plane
ausgeschlossen werden, da dieses Stadtgebiet auf Grund eines zwischen
den beteiligten Gemeinden abgeschlossenen Vertrages im Anschluß an
das Radialsystem VII der Kernstadt kanalisiert wurde. Ebenso wurden
diesem Radialsystem auch angrenzende Teile von Schöneberg angeschlossen. Berlin erhielt dafür als einmalige Entschädigung für
1 m Straßenfront 50 M. und als dauernde Entschädigung für 1 m 6 M.
jährlich.

In technischer Hinsicht beruhte der Plan der Kanalisation von
Charlottenburg im wesentlichen auf denselben Grundsätzen, welche
Hobrecht in Berlin durchgeführt hat.

1891 genehmigte die Gemeindevertretung in Steglitz ein Entwässerungsprojekt, das von dem Bauinspektor Adams der Berliner Kanalisation ausgearbeitet worden war, und welches in diesem Zusammenhange erwähnt sein möge. Die eigentümliche Bodengestaltung der Gemarkung, besonders aber das Fehlen eines zur Aufnahme von Notauslaßwasser geeigneten Vorfluters machte es unmöglich, das in Berlin, wie auch überhaupt auf dem europäischen Festlande bisher allein zur Ausführung gelangte Mischsystem auf die Steglitzer Ortsverhältnisse zu übertragen. Auf diese Weise ist Steglitz der erste Ort auf dem europäischen Festlande, in dem das Trennsystem voll zur Durchführung gelangt ist. Die Brauchwassermengen werden hier auf das 2,5 km entfernte Rieselfeld Klein-Ziethen befördert, während die Regenwässer nach erfolgter mechanischer Klärung in den Teltowkanal, der mithin als Vorfluter für diese Wasser dient, eingeführt werden.

Im selben Jahre wurde auch die Stadt Rixdorf kanalisiert. Die Leitung der Arbeiten übernahm Regierungsbaumeister Weigand, der von Hobrecht für diesen Zweck empfohlen war. Das ganze System gleicht in den Grundzügen dem in Berlin zur Anwendung gekommenen.

Überblickt man die erste Entwicklungsepoche der Großberliner Entwässerungsverhältnisse, die mit dem Anfang der neunziger Jahre abschließt, so kann als technisches Charakteristikum die Durchführung des Hobrechtschen Gedankens festgestellt werden:
Getrennte Kanalsysteme, deren Mündungen in der Peripherie der Stadt liegen, behufs direkter Anwendung des Überrieselungsverfahrens.

Der folgende Zeitabschnitt, bis 1905, brachte eine andere Methode der Abwasserfortschaffung und Reinigung, die sich gegenüber der erwähnten Art der Stadtentwässerung zu behaupten sucht.

Die guten Erfahrungen in Potsdam mit dem sogenannten Kohlebreiverfahren veranlaßten einige Vororte von Berlin, dieses auch bei sich einzuführen. 1893 begann damit Pankow, System Röckner-Rothe; es folgten 1896 Spandau, System Rothe-Degener, 1898 Tegel und Reinickendorf; 1900 Oberschöneweide, sämtlich System Rothe-Degener, 1906 Köpenick, Stadtrat Hugo Schüssler.

Die Verschiedenheit der technischen Anlagen der Vororte zeigt nachfolgende Besprechung.

A. Treptow.

Technisch eigenartig und interessant ist die Anlage in Treptow. Als von der Vorflut bevorzugter Ort kam dort nur das Trennsystem in Frage. Das Entwässerungsgebiet ist in drei Teile zerlegt. Im Mittelpunkt jedes der drei Entwässerungsteile sind Sammelbrunnen angeordnet. In der Mitte des langgestreckten Ortes befindet sich die Pumpstation. Von den Sammelbrunnen gehen Saugleitungen aus, die sich kurz vor dem Pumpwerk zu einer gemeinsamen Saugleitung vereinigen. Zwei Saugleitungen sind etwa 1800 m bzw. 1500 m lang, die dritte etwa 3 m lang, weil der Sammelbrunnen für die Saugleitung dicht am Pumpwerk liegt. Es mußte für die Verhältnisse ein größeres Saugrohrprofil, als sonst üblich, gewählt werden, damit die Differenz der Wasserstände in den Sammelbrunnen durch die verschiedenen Reibungsverluste in den Saugrohren über eine bestimmte Grenze nicht beeinflußt werden. Die Zuflußmenge zu den drei Sammelbrunnen ist sehr verschieden groß.

Betrieblich wirkt sich obiger Zustand so aus, daß bei den Sammelbrunnen mit größerem Zufluß sich der Wasserspiegel höher einstellt, als bei den Sammelbrunnen mit geringerem Zufluß. Es wird nun bei sonst gleichen Verhältnissen dort mehr abgesaugt, wo der Wasserspiegel höher steht. Es kann daher vom Pumpwerk aus gleichzeitig aus allen drei Sammelbrunnen solange gesaugt werden, bis die Differenz der Zuflüsse eine bestimmte Grenze nicht überschreitet. Diese Grenze wird dann erreicht, wenn die Reibungshöhe vom Sammelbrunnen mit größtem Zufluß bis zum Pumpwerk erstens größer ist, als die Differenz der Wasserspiegel zwischen dem höchsten und niedrigsten Brunnen, und zweitens der Wasserspiegel des niedrigsten Brunnens so tief steht, daß das Saugrohr Luft mitsaugt. Wenn dies eintritt, müssen die entsprechenden Schieber geschlossen werden.

Treptow hatte mit Berlin einen Vertrag zwecks Anschluß eines Druckrohres an das Berliner Druckrohr abgeschlossen. Der Anschluß durfte aber nicht in der Nähe der Stadt Berlin erfolgen, sondern erst im Abstande von 12 km. Diese Forderung der Stadt Berlin bedingte eine Mehrausgabe für die Druckrohrleitungen gegenüber dem Voranschlag. Für die Aufnahme des Schmutzwassers zahlte Treptow 3 Pf./cbm.

So schmerzlich es für die Gemeinde war, die Anlagekosten der Kanalisation wegen der Forderung der Stadt Berlin zu erhöhen, so war diese Maßnahme vom betrieblichen Standpunkt dennoch gerechtfertigt. Wenn der Anschluß auf dem kürzesten Wege erfolgt wäre, so hätte eine größere Reibungshöhe der Druckleitung überwunden werden müssen, was sich in einer bedeutenden Erhöhung der Pumpkosten gezeigt hätte. Im Falle Treptow sind daher durch vermehrte Anlagekosten geringere Betriebskosten erzielt worden. Über die Bewährung des Systems sollen einige Betrachtungen angestellt werden. Im Laufe der Zeit stellten sich Mißstände ein, da die ausgleichende Saugwirkung gestört war. Es dauerte lange Zeit und beanspruchte eingehende Beobachtungen, ehe die wahre Ursache dieser für den Betrieb lästigen Erscheinung erkannt werden konnte. Der relativ große Rohrquerschnitt hatte eine Verminderung der Geschwindigkeit bis auf $v = 0,1$ m/Sek. zur Folge. Dadurch wurde die Schlammablagerung in ganz bedeutendem Maße begünstigt. Diese

Ablagerungen in einer Saugleitung waren die betriebshemmenden Faktoren. Man mußte dazu übergehen, eine Rohrleitung zu reinigen. Das System konnte sich trotzdem noch halten; die Überwachung des Betriebes ist gut organisiert und ermöglicht die Weiterbenutzung der Gesamtanlage.

Als zweites Beispiel eines Berliner Vorortes mit grundsätzlich anderer Anordnung des Kanalnetzes gegenüber derjenigen der Kernstadt soll Schöneberg angeführt werden.

B. Die Anlage des Kanalnetzes Schöneberg.

Der Kanalisation-Netzplan wurde hier derart angeordnet, daß sämtliche Strecken eines Gebietes zwischen den hochliegenden Spülbehältern bzw. Spülkanälen und den tiefliegenden Sammelkanälen miteinander in Verbindung stehen. Jede Einzelstrecke kann also mit großen Wassermengen, und zwar in der Regel mit gestauten Kanalwassermengen, gespült werden. Die Berechnung des Leitungsnetzes erfolgte nach den neueren Annahmen mit Berücksichtigung der Verzögerung.

Das gesamte Friedenau-Schöneberger Kanalnetz zerfällt in vier Entwässerungsgebiete. Die Rohrkanäle von 0,30, 0,35, 0,45 und 0,50 m Lichtweite sind aus bestem Steinzeugmaterial hergestellt und mit Teerstrick und Asphalt gedichtet.

Die gemauerten Kanäle sind im allgemeinen auf ein Betonfundament von 0,15 m Stärke gesetzt, mit entsprechender Verstärkung im Grundwasser. In der Sohle erhielten die Kanäle Schalen aus Steinzeug; das Mauerwerk aus Klinkermaterial ist in Zementmörtel 1 : 3 ausgeführt. Um an Kosten für die Unterhaltung der Kanäle zu sparen, wurde der innere Ring der gemauerten Kanäle überall aus besseren, glatten Klinkern hergestellt.

Die Verschiedenheit der Wahl der Abwasserreinigung zeigen die folgenden Beispiele:

C. Zweckverband Wilmersdorf-Schmargendorf-Zehlendorf-Teltow.

Die Gemeinden des Zweckverbandes, außer Wilmersdorf, hatten Trennsystem eingeführt. Wilmersdorf ist ein Beispiel dafür, daß in einer Gemeinde Misch- und Trennsystem technisch nebeneinander bestehen können (Mischsystem 230 ha, Trennsystem 610 ha).

Die nach dem Trennsystem kanalisierten Gebiete von Wilmersdorf weisen 2 Zonen auf, und zwar den Nordbezirk mit unmittelbarer Entwässerung in die Spree, bzw. den Landwehrkanal, und den Südbezirk mit Entwässerung nach einem Aufhaltebecken im großen Fenn. Dieses offene Aufhaltebecken von 68 000 cbm Fassungsvermögen, welches zwei Steinfilteranlagen an der Ein- und Austrittsstelle der Regenwassermengen besitzt, hat sich gut bewährt.

Das Hauptinteresse beanspruchte in diesem Gebiete die biologische
Kläranlage Stahnsdorf, die größte ihrer Art auf dem Kontinente. Heute
besteht dieselbe aber nicht mehr aus Gründen, die auf Seite 55 genauer
besprochen werden.

Die Abwässer des Kanalisationsverbandes wurden in Druckrohren
auf 17 km Entfernung von der Pumpstation zur Kläranlage befördert,
die in der Gemarkung Stahnsdorf errichtet worden ist.

Drei Stadien des Ausbaues waren projektiert, zwei davon für 200000
bzw. 400 000 Einwohner berechnet, sind ausgeführt worden. Die Annahme der Einwohnerzahl war, wie es die Tabelle 2 im Anhang zeigt, zu
hoch gegriffen, während der Ansatz von 108 l pro Kopf sich als zu
niedrig erwies. Dadurch rechtfertigte sich der erste Erweiterungsbau
für 400 000 Einwohner.

Das aus der Druckrohrleitung ausströmende Abwasser gelangte in
einen Verteilungsbrunnen, das sogenannte Mündungsbauwerk und von
hier in die aus sechs Becken von je 1800 cbm Fassungsraum bestehende
Vorreinigungsanlage. Diese bestand aus Erdbecken, die mit Betonhaut
ausgekleidet waren. Die Verbindung der einzelnen Läufe vermitteln
Überläufe. Der Weg, auf dem das Abwasser durch die Schützen reguliert
wurde, betrug bei einer Durchflußgeschwindigkeit von 5 mm/Sek. 180 m
im Mittel. Dadurch wurde eine weitgehende Vorreinigung erzielt.

Nach Passieren der Vorreinigungsanlage wurde das Abwasser einer
Sammelkammer zugeführt, in welcher eine sinnreich konstruierte Hebe-
vorrichtung für die intermittierende Beschickung der nachgeschalteten
biologischen Körper untergebracht war. Die biologischen Körper
konnten der günstigen Gefällverhältnisse des Geländes wegen als Tropf-
körper mit 20 m Durchmesser und durchschnittlich 2,5 m Höhe und
785 cbm Rauminhalt ausgeführt werden. Als Material wurde Schmelzkoks gewählt, der aus Oberschlesien bezogen wurde und dessen Korn-
größe zwischen Faust- und Kopfgröße schwankte. Die Verteilung des
Abwassers über die Körper bewirken Sprinkler. Die Tropfkörperabflüsse
sind noch einer Nachreinigung unterzogen worden in besonders hergestellten Becken, außerdem war, bevor das gereinigte Abwasser in den
Vorfluter, die Beke, gelassen wurde, eine gründliche Filtration damit
verbunden. Der Kläreffekt war mithin ein sehr guter. Für die in den
Vorreinigungs- und Nachreinigungsbecken sich ansammelnden Schlamm-
massen waren in unmittelbarer Nachbarschaft der Anlage 13 Schlamm-
ablagerungsbecken von etwa einem Morgen Größe und einer nutzbaren
Tiefe von 1,30 m vorhanden.

Die Gesamtkosten betrugen 9,5 Millionen Mark ohne Druckrohre,
und 13,1 Millionen mit Druckrohren.

Als Gesamteindruck ist festzustellen, daß es sich bei dieser Anlage
um eine hohe technische Leistung handelt, bei welcher kein Mittel

gescheut wurde, um diese vorbildlich zu gestalten. Der Ausbau war aus bestem Material und in sehr massiver — für heutige Begriffe vielleicht etwas verschwenderischer — Ausführung. Aus diesem Grunde sind die hohen Anlagekosten erklärlich, die nur in der Zeit wirtschaftlichen Aufschwunges für solche Zwecke zu vertreten waren. Dennoch hätte an Material gespart werden können, um die Tilgungs- und Verzinsungsquote nicht zu hoch zu gestalten. Siehe Tabelle 2 am Schluß des Buches.

D. Köpenick.

Die Kanalisation wurde unter ungünstigen Terrainverhältnissen erbaut. Der Grundwasserstand betrug im Mittel 2,10 m unter Geländeoberfläche. Zudem standen auf einer Längenausdehnung von 7500 m nur 2,8 m Gefälle zur Verfügung. Diese beiden Faktoren schlossen von vornherein eine aus Gravitationsleitungen bestehende reine Gefällskanalisation aus. Die günstigen Vorflutverhältnisse erlaubten dagegen die Einführung des Trennsystems. Für die Kanalisierung sind drei Entwässerungsgebiete gebildet, und zwar:

1. Dammstadt,
2. Cöllnische Vorstadt,
3. Kietzvorstadt.

Für jeden Entwässerungsbezirk war im Tiefpunkt der Bau einer besonderen Pumpstation erforderlich. Zwei Pumpwerke fördern die Abwässer in zwei Hauptsammler, die nach Unterdückerung des Kietzgrabens in einen gemauerten Kanal 80/120 cm münden. Durch diesen fließen die Abwässer nach der dritten Pumpstation. Diese fördert die gesamte Abwässermenge (ungefähr 10 000 cbm an Wochentagen, darunter 7500 cbm Gewerbeabwässer; und an Sonn- und Feiertagen nur 2000 cbm) in das Mischgerinne auf der Kläranlage. Das Klärwerk besteht aus drei Becken, dem Trockenschuppen, der Kohlenmühle, der Tonschlemmerei, der Pumpstation, dem Mischgerinne und den Leitungen. Die Klärbecken sind je 190 m lang, am Abflußende 0,60 m tief. Die Wasserfassung bis 20 cm unter dem Beckenrand beträgt 13 000 cbm. Eine Abdichtung der Beckenböden war nicht erforderlich, da dies in genügendem Maße durch die eingetretene Verschlammung des Sandes geschehen ist. Ist ein Becken einen Monat hindurch im Klärbetrieb gewesen, so wird der Schutzwasserzufluß durch die Schlußvorrichtung der Einflußrinne abgesperrt und in ein anderes bereitstehendes leeres Becken ebenfalls einen Monat lang geleitet, worauf wieder eine Abwechslung eintritt und so fort. In dieser Weise wird ein kontinuierlicher Klärbetrieb hergestellt. Wie das Schmutzwasser tagsüber in ununterbrochenem Strom in das Becken fließt, fließt das geklärte Wasser selbständig in den Abflußgraben und durch diesen in die Spree ab.

Der Wasserlauf zu den Becken ist der folgende: Das herausgepumpte Abwasser strömt in eine massive Mischrinne von 3 m lichter Breite, 53,2 m Länge, und einem Gefälle von 1 : 66$^2/_3$. Sie ist oben offen und mit 29 eingebauten massiven Widerständen versehen, welche eine innige Vermischung des Schmutzwassers mit den für die Klärung erforderlichen Zusätzen herbeiführen. Am Kopfende der Mischrinne wird dem Schmutzwasser Kohlebrei zugesetzt, in deren mittleren Teil der Zusatz von in Wasser gelöster schwefelsaurer Tonerde. Aus der Mischrinne fließt das so präparierte Schmutzwasser durch die Einflußrinne in das Klärbecken, in welchem das Absetzen des Schlammes und die völlige Klärung des Schmutzwassers erfolgt.

Das Kohlebreiverfahren zählt in betriebstechnischer Hinsicht zu den teuersten Verfahren der Abwasserreinigung. Die Anlagekosten, die hier rund 320 000 M. betrugen, sind zwar nicht so hoch, wie bei den anderen Arten, doch stellen sich die Betriebskosten im Verhältnis wesentlich höher, sie machen jährlich 60% der Anlagekosten aus, rund 192 000 M. Von den Betriebskosten sind wiederum annähernd 50% für die Kosten der Zusätze der Braunkohle und schwefelsauren Tonerde aufzubringen. Eine Verminderung der Betriebskosten trat ein, als der Trockenschlamm zu Heizzwecken für den eigenen Bedarf und für das benachbarte Elektrizitätswerk Verwertung fand. Dadurch trat eine Verbilligung von im Mittel 15% ein.

In anderem Zusammenhang wird noch auf die Anlage zurückzukommen sein (s. Seite 56).

3. Bei den Rieselfeldern der Kernstadt und Vororte.

Der Vorteil des Rieselverfahrens bei der Abwasserreinigung gegenüber allen anderen Systemen besteht zweifellos in der Möglichkeit, die im Abwasser enthaltenen Dungstoffe, Stickstoff, Kali und Phosphorsäure, landwirtschaftlich auszunutzen. Neben dem größtmöglichen Kläreffekt, der von keiner Kläranlage bis jetzt erreicht werden konnte, wird hier noch bei einer sorgfältigen und landwirtschaftlich sachkundigen Bewirtschaftung ein finanzieller Vorteil erzielt, welcher der Bevölkerung in Form einer Ermäßigung der Entwässerungsgebühren zugute kommen sollte.

Bei der Bewirtschaftung, ja sogar schon beim Erwerb der Felder treten technische und landwirtschaftliche Interessen auf, die nicht immer ohne weiteres zu vereinen sind. Beim Erwerb der Felder sind deren Lage, die Beschaffenheit des Bodens, sowie die Grundwasserverhältnisse von ausschlaggebender Bedeutung.

Die Alt-Berliner Felder haben im allgemeinen einen für Rieselzwecke geeigneten Boden, aber auch einen hohen Grundwasserstand, der es nicht gestattet, diese stark zu belasten.

Beim Erwerb der Felder für die Unterbringung der Abwässer der Kernstadt war von Anfang an der Grundsatz maßgebend, möglichst viel Ödland zu kaufen und dieses urbar zu machen. Insbesondere war es Marggraff, der dem Gedanken des Erwerbes eines großen Grund- und Bodenbesitzes der Stadt Berlin das Wort redete. Das Ergebnis ist durchaus günstig.

Die Rieselfelder zerfallen in eine nördlich und eine südlich der Stadt Berlin gelegene Gruppe und sind in Administrationen eingeteilt.

Im Norden liegen die Administrationen:

Falkenberg	1622	
Malchow	1020	ha berieselter
Blankenfeld	1214	Fläche einschließ-
Buch ⎫ Im Süden ⎰	935	lich der Wege und
Osdorf ⎭ ⎱	1500	Gräben
Großbeeren	884	
Sputendorf	1237	
	8412 ha	

Es entfielen vor dem Kriege bei den Alt-Berliner Rieselfeldern 250 Einwohner auf ein Hektar der aptierten Fläche, welches Verhältnis den Bedürfnissen der Landwirtschaft entspricht, weil bei einer konzentrierteren Beschickung eine Überdüngung des Bodens eintritt. Nach der Statistik 1926 ist die Belastung etwas gestiegen uns beträgt heute 320 Einwohner pro Hektar.

Wesentlich anders liegen die Verhältnisse bei den Rieselfeldern der Vororte. Hier kam es darauf an, möglichst viel Abwasser auf die Flächeneinheit zu bringen, weil der Grunderwerb sehr erschwert, die Preise wegen des großen Bedarfes sehr in die Höhe gingen. Schon bei dem Erwerb der Alt-Berliner Felder zeigte sich eine beträchtliche Preissteigerung, die nach Nasch ein Mehr von etwa 50% desjenigen Wertes ausmachte, welchen Private bei Einzelkäufen hätten bezahlen müssen. Noch schärfer trat die Preissteigerung bei den späteren Erwerbungen auf. Diese Tendenz traf in erster Linie die Vororte. Um ein Beispiel zu nennen, sei Schöneberg angeführt:

Während im Jahre 1900 das Hektar Land für 1049 M. erworben wurde, mußte für denselben Boden 1914 je Hektar 1645 M. gezahlt werden. Diese Lage zwang dazu, eine größere Ausnutzung der erworbenen Rieselflächen zum Zwecke der Abwässerreinigung anzustreben.

Am höchsten war und ist auch heute noch die Ausnutzung des Charlottenburger Rieselfeldes Carolinenhöhe, 331 ha apt. Fl., das auf ein Hektar aptierte Fläche die Abwässer von 1000 Einwohnern aufnimmt. Dies ist nur erreichbar durch gründliche Vorreinigung des Abwassers in mustergültig eingerichteten Absetzbecken, die weiter unten näher besprochen werden sollen.

Die Einrichtungen zur Vorklärung des Abwassers weichen sehr voneinander ab und zerfallen in der Hauptsache in zwei Gruppen, und zwar in die ältere der sogenannten Schlammbecken und in die neuere der Absetzbecken. Die erstere Art entspricht mehr den Bedürfnissen der Landwirtschaft, also für geringe Belastung der Rieselflächen, während die meist aus Beton hergestellten Absetzbecken für größere Leistungen in Betracht kommen. Aus diesen Gründen sind erstere auf den Alt-Berliner Feldern, letztere auf den stärker belasteten der Vororte anzutreffen. Auf den Alt-Berliner Rieselfeldern sind bis zur Bildung der Einheitsgemeinde die Schlammbecken nur als reine Erdbecken zur Ausführung gekommen. Auf den südlichen Rieselfeldern und insbesondere in Osdorf hatten die Becken durchweg bei einer Größe von 25 m auf 25 m eine Wasserspiegelfläche von 625 qm. Diese Becken sind durch Faschinenwände und an den äußeren Durchflußstellen mittels Flechtwerk in 4 Kammern geteilt. Die Anordnung hat sich im Betrieb nicht bewährt. Der Schlamm lagerte sich sehr ungleichmäßig ab; die Parallelkammern blieben völlig unbenutzt. In neuerer Zeit sind diese Becken durch eine Zentralkläranlage ersetzt.

Die aus Faschinen hergestellte Überlaufschwelle war sehr uneben und darauf ist wohl zu einem großen Teil die geringe Leistungsfähigkeit dieser Anordnung zurückzuführen. Hingegen haben sich die auf den nördlichen Feldern befindlichen Becken von äußerst einfacher Konstruktion und 1200 qm Wasserfläche, die durch einen Erddamm in zwei Teile zerlegt sind, als brauchbar erwiesen. Die Wirkungsweise ist folgende:

Das Wasser gelangt durch eine Drumme oder eine Rohrleitung in das erste, fast geschlossene Becken und gerät in kreisende Bewegung. Am äußersten Ende des Beckens fließt das vorgeklärte Wasser durch eine Drumme unter Zurückhaltung der Schwimmstoffe durch eine Tauschwand in die zweite Kammer, in der die Klärung fortgesetzt wird und durchfließt diese in voller Länge, so daß es gezwungen ist, einen Weg von 60—70 m zurückzulegen.

Das Herausholen des Schlammes wird durch zwei gegenüberliegende Rampen, die das Durchfahren der Becken gestatten, erleichtert. Gemessen nach dem Aufwand ist dieses Beckensystem für die gering belasteten Alt-Berliner Felder durchaus angebracht. Bezüglich der technischen Vollkommenheit, insbesondere der Klärwirkung und der Sauberkeit des Betriebes halten sie einen Vergleich mit Betonabsetzbecken jedoch nicht aus. Die Absetzbecken in Carolinenhöhe, Dt. Wusterhausen (Schöneberg) und Boddinsfelde (Neukölln), berücksichtigen bei ihrer Konstruktion die Ergebnisse von Versuchsklärungen, die Stadtbaurat Steuernagel in Köln anstellte. Die Becken fassen durchweg 800 bis 1000 cbm und sind mit ansteigender Sohle versehen. Die Schlammentleerung erfolgt durch Schlammleitungen nach besonderen Trockenplätzen hin und wird durch Spülungen mit Wasser aus benachbarten Becken gefördert. Die Entleerung eines Beckens erfordert 5—8 Arbeitsstunden.

Dieses Beckensystem hat sich vorzüglich bewährt. Die gute Klärwirkung ermöglicht eine starke Belastung des Rieselgeländes.

II. Träger der Kanalisation.

1. Die einzelnen Gemeinden als Erbauer der Kanalisation.

Wie schon aus der Besprechung der Anlagen in Kapitel I ersichtlich, bietet das Bild der früheren Gemeinden des heutigen Berlin keine organisatorische Einheitlichkeit. Jede Gemeinde glaubte auf eigene Art und Weise das Kanalisationsproblem in ihrem Bezirk lösen zu müssen, ohne Rücksicht auf die in allen Fällen vorhandenen gemeinsamen Interessen mit der Nachbargemeinde.

Durch dieses getrennte Vorgehen auch der kleinsten Gemeinde, das sich sehr häufig im Widerspruch befand zu den technischen und betriebswirtschaftlichen Notwendigkeiten, entstanden auf dem Gebiete der heutigen Einheitsgemeinde Berlin Anlagen, die sich mit der Zeit ganz zwangsläufig als unlohnend, ja überflüssig herausstellen mußten.

Zum Teil und bis zu einem gewissen Grade wurden die großen Nachteile des isolierten Vorgehens auch erkannt. So hatten z. B. Schöneberg, Wilmersdorf, Friedenau, Schmargendorf und die Kolonie Grunewald bald nach Einführung der Kanalisation in Charlottenburg vertragsmäßig Anschluß an die Charlottenburger Kanalisation genommen.

Einen Wendepunkt in der organisatorischen Entwicklung bilden die Ergebnisse der Beratungen über die Kanalisationsprojekte der westlichen Berliner Vororte.

Am 15. Februar 1900 wurde von dem damaligen Stadtbaurat a. D. Brix im Auftrage der drei Gemeinden Schöneberg, Wilmersdorf und Friedenau ein Entwässerungsprojekt vorgelegt, das geeignet erschien, über die immer brennender werdende Kanalisationsfrage die Aussprache zu eröffnen.

Aus den Beratungen, die sich bis in den Sommer 1904 hinzogen, ist als wesentlich festzustellen, daß ein gemeinsames Vorgehen der drei Gemeinden in der Entwässerungsfrage sich als wünschenswert und notwendig herausstellte.

Insbesondere zeigt sich die Berechtigung dieses Standpunktes bei den Rieselfeldern. Dort ist ein gesonderter Betrieb nicht durchführbar, ohne daß verwickelte Verwaltungszustände sich ergeben, die einer gedeihlichen Bewirtschaftung entgegenstehen und Streitigkeiten zwischen den einzelnen Gemeinden hervorrufen müssen.

Diese Erwägungen gaben im Falle Schöneberg, Wilmersdorf, Friedenau den Anstoß, die Bildung eines Entwässerungsverbandes gemäß §§ 128ff. der Landgemeindeordnung, L.G.O., zu befürworten. Wir werden weiter unten sehen, wie stark diese Gedanken Wurzel fassen und wie das System der Zweckverbände sich auf dem Gebiet des heutigen Groß-Berlin auswirken konnte.

Als Träger der Kanalisation erscheinen in dieser Zeit 1908—1920 nicht mehr die einzelnen Gemeinden allein, sondern auch die Zusammenschlüsse in Form von Zweckverbänden.

2. Die Zweckverbände.

Die Kanalisationsverbände sind geschaffen worden teilweise auf Grund des IV. Teiles der L.G.O. vom 3. Juli 1891 und teilweise auf Grund des allgemeinen Zweckverbandgesetzes vom 19. Juli 1911. Ihre Aufgaben erstreckten sich:

1. Auf den Erwerb, die Herrichtung, den Betrieb und die Unterhaltung von Rieselfeldern, bzw. anderer Klärvorrichtungen.

2. Den Bau, den Betrieb und die Unterhaltung der von den Verbandsgemeinden gemeinsam benutzten, nach den Abwasserreinigungsanlagen führenden Hauptdruckleitungen.

Den Bau und Betrieb von Straßenleitungen sowie die anderen Kanalisationseinrichtungen dagegen hatte jede Gemeinde in ihrem Gemeindegebiet auf eigene Kosten selbst auszuführen. Zu diesen Einrichtungen gehörte im allgemeinen die Herstellung der Pumpstationen.

So entstanden 5 Zweckverbände, als erste Stufe eines gemeinsamen Vorgehens. Es kam die Zeit, wo eine organisatorische und betriebliche Konzentration in der Entwässerungsfrage sich bemerkbar macht.

Von den 46 kanalisierten Einzelgemeinden Groß-Berlins waren nicht weniger als 31 durch gemeinsame Druckrohr- und Rieselfeldanlagen miteinander verkettet, und zwar 17 durch Zweckverbände, 14 durch Privatverträge, wovon 5 Verträge mit der Kernstadt Berlin abgeschlossen worden waren.

Diesen Zustand soll nachfolgende Zusammenstellung veranschaulichen:

1. Zweckverband: Wilmersdorf - Schmargendorf - Zehlendorf - Teltow; Kläranlage Stahnsdorf.

2. Zweckverband: Niederschönweide - Adlershof - Grünau - Johannisthal - Altglienicke - Rudow; Rieselfeld Groß-Ziethen.

3. Zweckverband: Weißensee - Hohenschönhausen - Hermsdorf; Rieselfeld Birkholz.

4. Zweckverband: Reinickendorf - Wittenau - Lübars; Rieselfeld Schönerlinde.

5. Zweckverband: Lankwitz - Marienfelde; Rieselfeld Diedersdorf.

6. Kernstadt Berlin:

a) an das südliche Druckrohrnetz angeschlossen die Gemeinden Tempelhof, Mariendorf, Treptow; Rieselfeld: Großbeeren-Osdorf.

b) an das nördliche Druckrohrnetz angeschlossen die Gemeinden Niederschönhausen und Rosenthal, Biesdorf, Kaulsdorf, Oberschönweide; Rieselfeld, Tasdorf.

7. Stadt Schöneberg, angeschlossen die Gemeinde Britz; Rieselfeld Ragow.

8. Gemeinde Steglitz, angeschlossen die Gemeinde Lichtenrade; Rieselfeld Klein-Ziethen.

Während die unter 1, 3, 4, 5 genannten Zweckverbände die auf Seite 18 erwähnten Kompetenzen hatten, war beim Kanalisationsverband Niederschönweide usw. im § 2, I, seiner Satzungen festgelegt, daß auch Aufgabe dieses Verbandes sei: der Bau, die Unterhaltung und der Betrieb der Pumpstationen und Druckrohrsysteme einschließlich des Erwerbes und der Sicherung von Rechten an den für genannten Zweck erforderlichen Grundstücken. Abweichend von der normalen Anordnung war also hier das Pumpwerk ein Betrieb des Zweckverbandes und nicht der Gemeinde, während der Sammelbrunnen vor der Pumpstation, als zum Straßennetz gehörig, der Gemeindeverwaltung unterstand. Es erhebt sich die Frage, welche Lösung sich im Betrieb mehr bewährt hat.

Der betriebliche Vorteil liegt auf Seiten der oben benannten „normalen Anordnung" der 4 Zweckverbände, weil es auch der Natur der Sache entspricht, Sammelbrunnen und Pumpstation einer Verwaltungsinstanz zu übertragen, und die Trennung zwischen Sammelbrunnen und Pumpwerk im Betriebe sich wegen der damit verbundenen unvermeidlichen Kompetenzstreitigkeiten als äußerst ungünstig erwiesen hat.

Bei dem unter 2. genannten Verband sind Meinungsverschiedenheiten in der Frage der Abwasserfortschaffung tatsächlich aufgetreten. Während die Leiter der Pumpstation nur beinahe klares Abwasser hinauspumpen wollten, war die Gemeinde der Auffassung, daß auch noch die Sinkstoffe auf das Rieselfeld zu befördern seien.

Die Zusammenschlüsse von Gemeinden in Form von Zweckverbänden, welche sich ja vorwiegend auf die mit den Rieselfeldern zusammenhängenden Fragen erstreckten, konnten die organisatorische Zersplitterung der Groß-Berliner Kanalisation nicht verhindern. Es waren nahezu 60 Dienststellen vorhanden, die unabhängig voneinander arbeiteten.

Diese Zersplitterung hatte zur Folge, daß an vielen Stellen Pumpwerke angelegt worden sind, deren Bau und Betrieb überflüssig gewesen wäre, wenn man den natürlichen Gefällverhältnissen entsprechend, das Wasser einem Pumpwerk der Nachbargemeinde zugeteilt hätte. Es wurden entfernt und ungünstig gelegene Rieselflächen mit Abwasser beschickt, trotzdem das technisch leichter zu erreichende Rieselgelände anderer Gemeinden oder Entwässerungsverbände noch längst nicht voll ausgenutzt war.

Den äußeren Anlaß, den oben geschilderten Zustand zu ändern, gab die am 27. April 1920 erfolgte Bildung der Einheitsgemeinde.

3. Die Einheitsgemeinde.

Als am 27. April 1920 das Gesetz Groß-Berlin — 8 Stadtgemeinden, 59 Landgemeinden und 27 Gutsbezirke mit einer Gesamtfläche von rund 90 000 ha und 4 Millionen Einwohnern — zu einem einheitlichen Verwaltungsorganismus vereinigte, ergab sich die Notwendigkeit, die einzelnen Verwaltungszweige, die seither jedes Gemeinwesen für sich bearbeitet hatte, ihrem Inhalte nach zusammenzufassen und dem neuen, durch das Gesetz geschaffenen Verwaltungsapparate einzugliedern.

Wie diese Eingliederung erfolgt ist, soll im Kapitel „Verwaltung und Betrieb" Seite 32 dargetan werden. Als einziger Träger der Kanalisation erscheint seit dem 27. April 1920 die Einheitsgemeinde.

Mit der Bildung der Einheitsgemeinde ist die Beseitigung der oben geschilderten Zersplitterung der einzelnen Verwaltungsstellen gegeben. Sämtliche Privatverträge und Zweckverbände waren damit als aufgelöst zu betrachten. Der alleinige Träger „Einheitsgemeinde" kann die Verwaltungsgliederung der Kanalisation in der zweckentsprechendsten, einfachsten Form vornehmen.

Das Ausmünden der vielen Träger in einen einzigen hatte zwangsläufig auch betriebliche Umstellungen und Vereinfachungen zur Folge, worüber in einem besonderen Abschnitt gesprochen werden soll. Hier sei nur das allgemeine Ausmaß dieser Umstellungsmöglichkeiten gegeben.

Die bei der Besprechung über die Zweckverbände angeführten, verbliebenen Nachteile bei den Rieselfeldern konnten nunmehr einheitlich geregelt und behoben, und der Maschinenbetrieb rationell gestaltet werden. Dagegen ist beim Kanalnetz nur in beschränktem Maße eine im Interesse des Ganzen liegende Veränderung unglücklich angelegter Gebiete möglich. Für die Zukunft wird aber nunmehr die Gewähr vorhanden sein, daß bezirkspolitische Grenzen keinen Einfluß auf die Projektierung von Neukanalisationen haben werden. Dies ist wichtig, wenn man bedenkt, daß die neue Gemeinde eine für die Entwässerung in Frage kommende Fläche von etwa 57 000 ha besitzt, von welcher zur Zeit ungefähr 22 000 ha bebaut und kanalisiert sind; 30 000 ha sind Wasserflächen, Dauerwald, Rieselfeldgelände, öffentliche Parks u. a., die für die Herstellung unterirdischer Entwässerungsanlagen auch in Zukunft nicht in Frage kommen. Auch die übrigbleibenden 35 000 ha noch nicht kanalisierter Flächen werden wegen der neuzeitlichen Bevorzugung des Kleinsiedlungslandes, für das eine Kanalisation gesetzlich entbehrt werden kann, nicht als Ganzes in

Frage kommen. Immerhin wird mit einem Ausbau des vorhandenen Straßenleitungsnetzes etwa um die doppelte Länge zu rechnen sein, je nach dem zukünftigen Bebauungsplan der Stadt. Das ist eine sehr wichtige Aufgabe, die nur von einer in sich geschlossenen Werkorganisation, etwa nach Art der auf Seite 68 vorgeschlagenen, mit der notwendigen Vollkommenheit gelöst werden kann.

III. Finanzielle Grundlagen.
1. Aufbringung der Baukosten.

Grundsätzlich kann die Aufbringung der Baukosten entweder aus eigenen Mitteln der Gemeinde oder aus fremden Mitteln erfolgen.

Nur selten ist eine Gemeinde in der günstigen Lage, die Baukosten aus einem zurückgestellten Fond zu bestreiten. In den weitaus meisten Fällen und bei normaler Wirtschaftslage ist es erforderlich, Anleihen zu dem genannten Zweck aufzunehmen, deren Verzinsungs- und Tilgungsraten dann durch Gebühren aufgebracht werden müssen.

Dem beratenden Ingenieur ist dabei die Aufgabe gestellt, bei der Festsetzung der Amortisationsquote mitzuwirken, indem er die voraussichtliche Lebensdauer der einzelnen Anlagen auf Grund von Erfahrungssätzen sowie den voraussichtlichen Zeitpunkt der erforderlichen Erweiterungen zu ermitteln hat. Eine wichtige Frage, deren Beantwortung für die Verzinsung des Anlagekapitals von großem Einfluß sein kann, ist die folgende:

Kann in einer großen Gemeinde das Kanalisationssystem, derart gestaltet sein, daß es in verschiedene, voneinander unabhängige Entwässerungsgebiete geteilt wird, die der Reihe nach ausgebaut, einzeln in Betrieb genommen werden?

Dieser Fall lag in der Kernstadt Berlin vor, wo sich das Finanzierungsbild deshalb verhältnismäßig günstig gestaltete.

Die Aufbringung der Baukosten geschah bei den meisten Gemeinden der heutigen Reichshauptstadt folgendermaßen:

Es wurde zu einem Zinsfuß von $3^1/_2$—4% eine allgemeine Stadtanleihe aufgenommen, und diese zum Teil für den Bau eines Kanalisationsgebietes, in der Kernstadt meist eines Radialsystems, verwendet. Erst nach dem Ausbau wurde nach bestimmten, weiter unten angeführten Gesichtspunkten die Verteilung der Baukosten auf die Beitragspflichtigen vorgenommen.

In Zeiten günstiger Anleihebedingungen ist der damals beschrittene Weg sicherlich der richtige. Anders liegen die Verhältnisse in den letzten Jahren, wo Stadtanleihen nur mit 10—15% Verzinsung zu erhalten waren. Da schlug man — und dieses Verfahren gilt zum Teil heute noch — den umgekehrten Weg ein:

Man stellte das endgültige Projekt auf und zog sogleich den sogenannten Anliegerbeitrag ein. Erst wenn auf diese Art die erforderliche Summe größtenteils sichergestellt war, wurde mit dem Neubau begonnen.

Dieses Finanzierungsverfahren macht die Aufnahme einer Anleihe entbehrlich, doch hat es nur Berechtigung bei Neubauten kleineren, höchstens mittleren Ausmaßes. Für großangelegte Kanalisationsneubauten wird wohl das früher geübte Verfahren nach wie vor bestehen bleiben müssen.

Schon bei der Ermittlung der Gesamtkosten der Entwässerung muß man sich über ihre Verteilung auf die Beitragspflichtigen im klaren sein. Als Beitragspflichtige kommen in erster Linie die Grundstückseigentümer, sodann aber auch die Gemeinde in Betracht.

2. Beiträge und Gebühren.

A. Die einmaligen Beiträge und Gebühren.

Nach § 9 des Kommunalabgabengesetzes vom 14. Juli 1893 können zur Deckung der Kosten Bauausführung Beiträge von denjenigen Grundeigentümern erhoben werden, denen dadurch besondere wirtschaftliche Vorteile erwachsen, wobei die Beiträge nach dem Vorteile zu bemessen sind. Für die Stadtentwässerung sind beitragspflichtig einerseits die Grundstückseigentümer einschließlich der Stadtgemeinde und andererseits die Stadtgemeinde für die Entwässerung der öffentlichen Straßen und Plätze. Wichtig ist, daß damit im Gegensatz zu dem bei der Verteilung der Baukosten auch in Frage kommenden § 4 des Kommunalabgabegesetzes sowie dem § 15 des Fluchtliniengesetzes[1] hier bestimmt

---

[1] § 15 des Fluchtliniengesetzes vom 2. Juli 1875.

Durch Ortsstatut kann festgesetzt werden, daß bei der Anlegung einer neuen oder bei der Verlängerung einer schon bestehenden Straße, Anbau an schon vorhandene, bisher unbebaute Straßen und Straßenteile von dem Unternehmer der neuen Anlage oder von den angrenzenden Eigentümern — von letzteren, sobald sie Gebäude an der neuen Straße errichten — die Freilegung, erste Errichtung, Entwässerung und Beleuchtungsvorrichtung der Straße in der dem Bedürfnisse entsprechenden Weise beschafft, sowie deren zeitweise, höchstens jedoch fünfjährige Unterhaltung, beziehungsweise ein verhältnismäßiger Beitrag oder der Ersatz der zu allen diesen Maßnahmen erforderlichen Kosten geleistet werde. Zu diesen Verpflichtungen können die angrenzenden Eigentümer nicht für mehr als die Hälfte der Straßenbreite, und wenn die Straße breiter als 26 Meter ist, für nicht mehr als 13 Meter der Straßenbreite herangezogen werden.

Bei Berechnung der Kosten sind die Kosten der gesamten Straßenanlage beziehungsweise deren Unterhaltung zusammen zu rechnen und den Eigentümern nach Verhältnis der Länge ihrer, die Straße berührenden Grenze zur Last zu legen.

Das Ortsstatut hat die näheren Bestimmungen innerhalb der Grenzen oder einem anderen Maßstabe, insbesondere auch nach der bebauungsfähigen Fläche, vorstehender Vorschrift festzusetzen.

ist, daß auch unbebaute Grundstücke nach Maßgabe ihres durch die Entwässerung erwachsenden Vorteiles ebenfalls zur Beitragspflicht herangezogen werden können. Für die Abwägung des Vorteils ist es wesentlich, daß für die Entwässerung der öffentlichen Straßen und Plätze nur die Abführung von Regenwasser in Frage kommt, und auch dies nur insoweit, als die Plätze nicht mit gärtnerischen Anlagen versehen sind, auf denen Regenwasser im allgemeinen versickert und verdunstet, während für die Entwässerung der bebauten Grundstücke neben dem Regenwasser noch die Brauchwasser abzuführen sind.

§ 9 des Kommunalabgabengesetzes[1] enthielt jedoch einesteils Schärfen gegen die Eigentümer unbebauter Grundstücke und anderenteils für die Stadtgemeinden den großen Nachteil, daß der einmalig zu zahlende Beitrag für den Ausbau der Gesamtkanalisation auch dann nicht erhöht werden durfte, wenn es die Wirtschaftslage dringend erheischte. In Berlin wurde vor dem Kriege der einmalige Beitrag allein nach dem § 15 des Fluchtliniengesetzes erhoben, und zwar bezog sich dieser Beitrag nur auf die Dimensionierung der Straßenleitungen hinsichtlich des Querschnittes für Regenwasser, weil man den Einfluß des Brauchwassers auf die Größenbemessung der Kanäle gegenüber dem ersteren glaubte vernachlässigen zu dürfen.

Eine veränderte Situation ergab sich bei der Schaffung der Einheitsgemeinde Berlin. Die äußeren Bezirke hatten vorwiegend Trennsystem, daher mußte ein Veranlagungsmodus geschaffen werden, der auch die Brauchwasserleitungen miterfaßte.

Die Kosten für die Herstellung der Entwässerungsanlagen werden in ganz Groß-Berlin nach einheitlichen Gesichtspunkten erhoben. Und zwar werden erhoben, auf Grund besonderer Ordnung nach § 4 des

---

[1] Aus § 9 des Kommunalabgabegesetzes vom 14. Juli 1893.

Die Gemeinden können behufs Deckung der Kosten für Herstellung und Unterhaltung von Veranstaltungen, welche durch das öffentliche Interesse erfordert werden, von denjenigen Grundeigentümern und Gewerbetreibenden, denen hierdurch besondere wirtschaftliche Vorteile erwachsen, Beiträge zu den Kosten der Veranstaltungen erheben. Die Beiträge sind nach den Vorteilen zu bemessen.

Beiträge müssen in der Regel erhoben werden, wenn anderenfalls die Kosten, einschließlich der Ausgaben für die Verzinsung und Tilgung des aufgewendeten Kapitals, durch Steuern aufzubringen sein würden.

Aus § 4 des Kommunalabgabegesetzes vom 14. Juli 1893.

Die Erhebung von Gebühren hat zu erfolgen, wenn die Veranstaltung einzelnen Gemeindeangehörigen oder einzelnen Klassen von solchen vorzugsweise zum Vorteil gereicht und soweit die Ausgleichung nicht durch Beiträge (§ 9) oder eine Mehr- oder Minderbelastung (§ 20) erfolgt. Die Gebührensätze sind in der Regel so zu bemessen, daß die Verwaltungs- und Unterhaltungskosten der Veranstaltung, einschließlich der Ausgaben für die Verzinsung und Tilgung des aufgewendeten Kapitals, gedeckt werden.

Kommunalabgabegesetzes bei Anschluß der Grundstücke an die Schmutzwasserleitungen, einmalige Hausanschlußgebühren; zur Deckung der Herstellung der Straßenentwässerung einmalige Beiträge nach § 15 des Fluchtliniengesetzes.

In Berlin wurden beispielsweise die einmaligen Beiträge nur für die Anlagekosten des Kanalnetzes bemessen, während die Anlage- und Baukosten der Pumpwerke, Druckrohrleitungen und der Rieselfelder durch die jährlichen, laufenden Gebühren verzinst und getilgt worden sind.

Durch dieses Verfahren wurde der einmalige Satz niedriger gehalten.

Die Vororte von Berlin sind meistens nicht diesem Beispiel der Kernstadt gefolgt. Z. B. hatten Charlottenburg, Schöneberg und Neukölln auch die Anlagekosten der oben erwähnten Positionen in die einmalige Gebühr aufgenommen.

Welches Verfahren in grundsätzlicher Beziehung zweckmäßiger ist, kann nicht allgemein beantwortet werden. Es hängt zum Teil von der Wirtschaftslage und den Anleihebedingungen ab, ob ein einmaliger Beitrag leichter getragen werden kann oder nicht. Im ersten Falle ist wohl eine Trennung des Baukostenbeitrages von der laufenden Gebühr, die ja hauptsächlich eine Betriebskostengebühr darstellen soll, erwünscht. In den meisten Fällen und um so mehr bei der heutigen Wirtschaftslage wird es nicht möglich sein, bei größeren Neubauten die gesamten Baukosten auf einmal aufzubringen, so daß die laufende Gebühr teilweise auch eine Verzinsungs- und Tilgungsquote des Anlagekapitals aufnehmen muß.

Der Satz für den sogenannten Anliegerbeitrag schwankte dementsprechend bei den einzelnen Gemeinwesen des Groß-Berliner Gebietes und betrug je nach der Art der Baukostenverteilung 50—70 M. für 1 m Frontlänge der Gebäude. Die Bemessung der einmaligen Beiträge und Gebühren erfolgt in der neuen Stadtgemeinde einheitlich nach dem laufenden Meter Grundstücksstraßenfront. Dieser Maßstab ist, ungeachtet der Anfeindungen von verschiedenen Seiten, gewählt worden, weil die Verwaltungsgerichte ihn allgemein anerkannt haben.

Gegenwärtig beträgt der Satz insgesamt 61 M./m, und zwar entfallen auf die Straßenentwässerung 40 M./m und auf die Schmutzwasserleitungen 21 M./m.

Der letztere Satz muß als äußerst niedrig bezeichnet werden. Hier wirkt der Zusammenschluß der früheren einzelnen Gemeinden ausgleichend ein.

Der Maßstab für die je nach der Preislage veränderliche Höhe des einmaligen Beitrages ist im § 5 des „Ortsgesetzes" der Stadt Berlin vom 30. 4. 1924 zur Ausführung des Fluchtliniengesetzes vom 2. Juli 1875 festgelegt und lautet:

„Für die Erstattung der Kosten der Entwässerung werden bei der Berechnung Tonrohrleitungen von 30 cm Durchmesser, die in einer Tiefe von 3 m unter der Straßenkrone hergestellt werden, zugrunde gelegt."

B. Die laufenden Gebühren.

Außer den vorgenannten, zur Deckung der Herstellungskosten der Entwässerungsanlagen dienenden Beiträgen und Gebühren sind zur Bestreitung der Betriebs- und Unterhaltungskosten noch laufende Gebühren nach § 4 des Kommunalabgabegesetzes festgesetzt. Für die Bemessung dieser Gebühren dienten in den früheren Gemeinden verschiedene Maßstäbe; z. B. wurde ein Prozentsatz vom Nutzertrag der Grundstücke bzw. vom amtlichen Gebäudesteuernutzungswert, des weiteren der umbaute Raum gewählt. Die Höhe der von den früheren Einzelgemeinden für das laufende Meter Grundstückstraßenfront erhobenen laufenden Gebühren richtet sich danach, in welchem Umfange die einmalige Umlegung der Herstellungskosten erfolgt war; des weiteren ist die Höhe der laufenden Gebühren außer den Betriebskosten abhängig von den Tilgungs- und Verzinsungsquoten des Anlagekapitals. Als Maßstab für die Gebührenerhebung diente, genau wie auch heute noch bei den einmaligen Beiträgen, zuerst das laufende Meter Grundstückstraßenfront. Dieser vom technischen Standpunkt aus durchaus verständliche Modus wurde jedoch bald verlassen. Bei dessen praktischer Handhabung kamen soziale Härten vor, indem minderbemittelte Grundstückseigentümer denselben Betrag aufbringen mußten wie die begüterten.

Hierzu kam, daß die Steuerbehörden einen Maßstab erstrebten, der vereinbar war mit den anderen Besteuerungsquoten.

Diese Erwägungen veranlaßten die Einführung des „gemeinen Wertes" als Aufteilungsschlüssel, z. B. Schöneberg 1906—1907 8/10 $^0/_{00}$, meist aber des sog. Gebäudesteuernutzungswertes, Kernstadt Berlin bis 1910 $1^1/_2\%$, 1914—1920 2%; Schöneberg, Charlottenburg u. a. 2%.

Die erwähnten Veranlagungsmaßstäbe waren sozial gerechter, entsprachen aber, strenggenommen, nicht dem Grundsatz von Leistung und Gegenleistung. Die industriellen Betriebe, die verhältnismäßig mehr Abwässer in die Kanäle leiten als die Privathäuser, standen sich nach jenem Maßstab vorteilhafter. Um auch hier einen besseren, dem Grundsatz der Leistung und Gegenleistung mehr Rechnung tragenden Gebührenmaßstab zu erhalten, wählte man denjenigen nach dem Wasserverbrauch.

Der letztere Veranlagungsmodus ist in der Einheitsgemeinde einheitlich durchgeführt. Diese Regelung der Gebührenfrage in ganz Groß-Berlin war möglich im Wege eines Ausgleiches. Der Einheitssatz beträgt gegenwärtig 12 Pfennige für den Kubikmeter. Von der verbrauchten

Frischwassermenge wird das zu Sprengzwecken benutzte Wasser in Abzug gebracht. Dies geschieht heute so, daß als Bewertungsmenge der Durchschnittsverbrauch in den drei ersten Monaten des Jahres auch für die Sommermonate Anwendung findet.

Bei gewerblichen Abwässern wird — auf Grund eines besonderen Gemeindebeschlusses — ein sog. Entgelt erhoben in Form der um 10% erhöhten Entwässerungsgebühr.

Auf Grund der von den früheren Gemeinden für die erste gemeinsame Etataufstellung eingereichten Unterlagen im Jahre 1921 hätten die Gebühren, wenn die Einheitsgemeinde nicht gebildet worden wäre, in Prozenten des Gebäudenutzungswertes aus der Zeit vor dem Kriege betragen:

In Neukölln	15,5%
Zehlendorf	19,3%
Schmargendorf	22,0%
Britz	27,0%
Biesdorf	30,0%
Wittenau	34,5%
Buchholz	50,0%
Heinersdorf	90,0%

Die Verteilung der Gebühren auf die breiteren Schultern von Groß-Berlin ermöglichte eine Ermäßigung vorgenannter Sätze auf 10—12%, wobei als Ausgleich eine geringe Anspannung des früheren Gebührensatzes in der Kernstadt und Charlottenburg im wesentlichen ausreichte.

C. Die Erhebung der Beiträge und Gebühren.

a) Der einmaligen Beiträge und Gebühren.

Die einmaligen Beiträge für die Straßenentwässerung werden in den Bezirken 1—6 (Kernstadt) durch die Tiefbauämter veranlagt und eingezogen. Dort erfolgt auch die Bearbeitung von Einsprüchen und Klagen. Die einmalige Anschlußgebühr für die Schmutzwasserleitung wird hingegen von der Zentrale bearbeitet. In den Bezirken 7—20 erfolgen beide Festsetzungen durch die Tiefbauämter, desgleichen die Bearbeitung der Einsprüche und Klagesachen.

b) Der laufenden Gebühren.

Die nebenstehende Skizze zeigt das bis 1925 geübte Verfahren der Erhebung.

Erläuterung.

1. Die Stadtentwässerung beschaffte von den Wasserwerken die der Zahlungsaufforderung zugrunde zu legenden Wassermengen und teilte diese den Bezirksämtern mit; etwa 70 000 Grundstücke, Geschäftsgang a und b.

2. Die Bezirkssteuerämter fertigten die Zahlungsaufforderungen aus, stellten sie den Pflichtigen zu und fertigten für die Bezirkssteuerkassen entsprechende Hebelisten, Geschäftsgang c und d.

3. Der Pflichtige zahlte bei den Steuerkassen der Bezirkssteuerämter ein. Falls Zahlung nicht erfolgt, ziehen die Kassen zwangsweise ein, Geschäftsgang e.

Verfahren bis 1925.

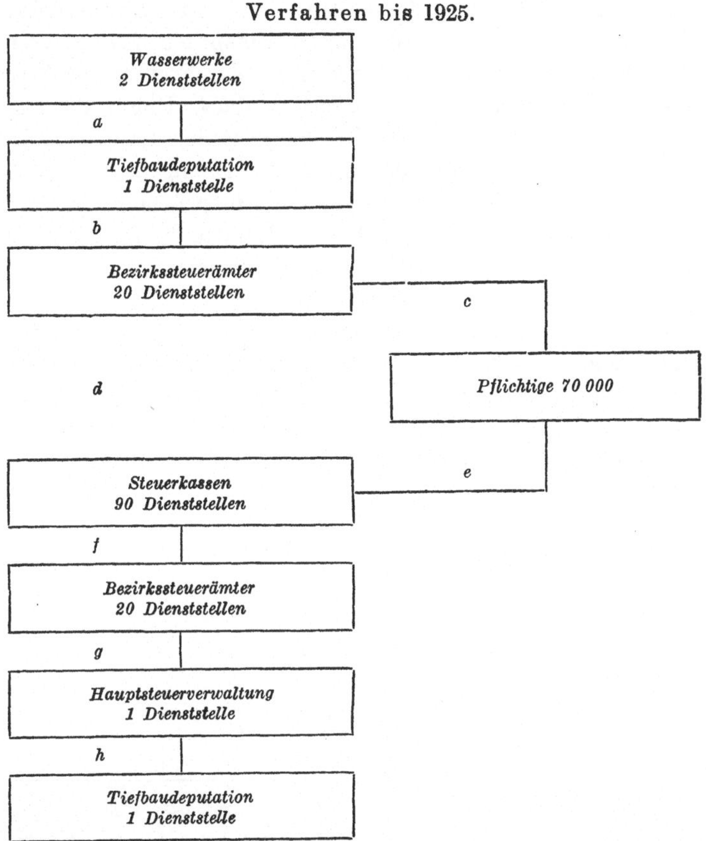

4. Die eingezahlten Beträge wurden von den Bezirkssteuerkassen mit den Hauptkassen der Bezirkssteuerämter verrechnet, Geschäftsgang f. Diese verrechneten mit der Hauptsteuerverwaltung, Geschäftsgang g, von der die Überweisung auf das Konto der Stadtentwässerung bei der Stadthauptkasse erfolgt, Geschäftsgang h.

Dieses, wie auf den ersten Blick ersichtlich ist, umständliche Verfahren, hatte außerordentliche Nachteile, deren wichtigste hier angeführt werden sollen. Die Steuerverwaltung veranlagte die Entwässerungsgebühren zusammen mit ihren sonstigen Steuern, Grundsteuern u. a. Dieses hatte ungünstige Folgen in zweifacher Weise:

1. Durch diese unglückliche Verquickung gingen die Zahlungsaufforderungen zu spät heraus, welcher Umstand für die Stadtentwässerung einen erheblichen Zinsverlust infolge verspäteten Eingangs bedeutete.

2. Die Verbindung der Einziehung der sonstigen Steuern gab Veranlassung zu einer größeren Zahl von Einsprüchen, 3500 im Jahre 1924, da der Zahlungspflichtige, von dem die Zahlung einer größeren Gesamtsumme verlangt wurde, ein größeres Interesse hatte, Stundungsanträge zu stellen, und diesen regelmäßig einen Einspruch vorausgehen ließ.

Die Kosten des Verfahrens berechnete die Steuerverwaltung auf 250 000 M. jährlich, d. h. rund 2% des Umsatzes. Dieser Betrag ist als zu hoch anzusehen, da der größte Teil der Veranlagungsarbeit, d. h. die Beschaffung der gebührenpflichtigen Abwassermengen, die Aufstellung der Hebelisten und örtliche Ermittlung bei Einsprüchen von der Stadtentwässerung geleistet worden ist. Hiernach hatte die Steuerverwaltung lediglich die Veranlagung zuzustellen, die Beträge zu vereinnahmen und an die Stadthauptkasse abzuführen.

Das bis 1925 angewandte Verfahren der Gebühreneinziehung ist als umständlich, verwickelt und kostspielig zu bezeichnen. Heute ist eine bedeutende Verbesserung erzielt worden, und zwar ist für die große Mehrzahl der Fälle eine Vereinfachung erzielt und für den einzelnen Gebührenpflichtigen die Zahl der Geschäftsgänge wesentlich herabgedrückt worden.

Jetziges Verfahren.

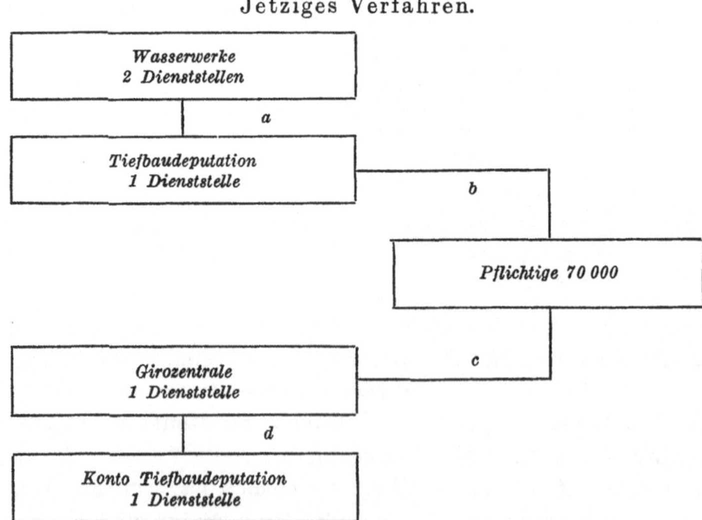

1. Die Stadtentwässerung beschafft von den Wasserwerken die der Zahlungsaufforderung zugrunde zu legenden Wassermengen, fertigt die Zahlungsaufforderungen und stellt sie den Pflichtigen zu. Der Zahlungs-

aufforderung sind Zahlkarten zwecks Einzahlung auf Postscheckkonto der städtischen Girozentrale beigefügt, Geschäftsgang *a* und *b*.

2. Die Pflichtigen zahlen bei den Postämtern oder überweisen von ihrem Girokonto durch Dauerauftrag den Betrag an ein Sonderkonto der Girozentrale, Geschäftsgang *c*.

3. Die Girozentrale überweist die auf ihr Girokonto eingehenden Beträge mit der Wirkung vom nächsten Werktage ab auf das Girokonto der Stadtentwässerung, die durch Postscheck eingehenden Beträge überweist sie ebendahin mit Wirkung vom zweiten Werktage nach Eingang der Postschecknachricht bei ihr, Geschäftsgang *d*.

4. Die Girozentrale übergibt der Tiefbaudeputation täglich die bei ihr eingegangenen Postscheckabschnitte und Zahlungsbelege für die bei ihr eingegangenen Überweisungen. Von der Stadtentwässerung werden diese Zahlungsbelege täglich in den Kartothekkarten vermerkt. Durch das Herausnehmen gezahlter Karten erfolgt die Kontrolle der Restanten automatisch. Als Unkosten entstehen für die gesamte Veranlagung und Erhebung:

70 000 Zahlungsaufforderungen zu 30 Pf. 21 000 M.
70 000 Zahlkarten in 4 Quartalen . . . . 28 000 M.
10 Beamte zu 3000 M. . . . . 30 000 M.
79 000 M.

Das sind rund 0,65% des Umsatzes gegenüber 2% im früheren Verfahren.

In beiden Fällen kommen als Unkosten noch hinzu: der Betrag, der an die Wasserwerke für ihren Hilfsdienst zu leisten ist, nämlich 12 500 M. im Jahr.

Die Loslösung der Einziehungstechnik von den Steuerverwaltungen ist daher sehr zu begrüßen. Auch muß ohne weiteres eingeräumt werden, daß das heutige Verfahren sich bei weitem einfacher und, wie wir gesehen haben, billiger gestaltet.

Vielleicht läßt sich das jetzige Verfahren insofern noch vereinfachen, als die Girozentrale als Zwischeninstanz für die Vereinnahmung der Gebühren ausgeschaltet werden kann. Es würde genügen, wenn das Kanalisationswerk ein eigenes Postscheckkonto besäße und mit dem Postscheckamt nur direkt zu verkehren hätte. Bei dem jetzigen Verfahren beanspruchen die von der Girokasse für die Stadtentwässerung vorzunehmenden Zwischenabrechnungen 1—2 Tage, wodurch ein entsprechender Zinsausfall entsteht.

Nach heutigem Stand der Dinge werden die Wassermengen von den Wasserwerken angegeben. Während mit den Charlottenburger Wasserwerken ein Abkommen getroffen worden ist, wonach diese die Wassermengen ihrer Verbraucher unter der Bedingung liefern, daß die Stadtentwässerung die für Gartensprengzwecke verwendeten Wassermengen

bei Festsetzung der gebührenpflichtigen Abwassermengen vom Reinwasserverbrauch in Angang stellt, besteht ein solches mit den Berliner
städtischen Wasserwerken als einer städtischen Aktiengesellschaft nicht.
Ihre Mitwirkung ist daher freiwillig.

Eine Zeitlang erfolgte die Einziehung der Entwässerungsgebühr durch
die Wasserwerke selbst. Dies war das einfachste Verfahren und hatte
obendrein in seiner praktischen Auswirkung den großen Vorteil, daß
Einsprüche nicht erfolgten. Diese Lösung, die Entwässerungsgebühr
gleichzeitig mit den Wassergebühren einzuziehen, ist unbedingt als die
ideale anzuerkennen[1].

Fragt man, was schätzungsweise den Wasserwerken die Einziehung
der Entwässerungsgebühren kostet, so erhält man das folgende Bild:

90 Einzieher erforderlich, 90 × 3000 . . .270 000 M.
dazu an sachlichen Kosten . . . . <u>30 000 M.</u>
300 000 M.

Dies ergibt, den Anteil des Kanalisationswerkes mit 50 % angenommen, jährlich 150 000 M.

Finanziell würde bei der neuen Art nichts herauszuholen sein,
dagegen bestünde der Vorteil in dem Umstande, daß laufend Geldbeträge eingezahlt werden, die Mahnungen und Einsprüche unterbleiben, und die Einziehungsabteilung in der Zentrale vereinfacht
werden könnte.

Vom finanziellen Standpunkt aus ist eine solche Umstellung, die
besonders anfangs bei der Einführung mit Schwierigkeiten verknüpft
wäre, in der Gegenwart nicht dringlich. Doch ist ein Vertrag mit den
städtischen Wasserwerken unbedingt erwünscht, der eindeutig festlegt,
daß die Wasserbücher gegen eine feststehende Gebühr zur Verfügung
gestellt werden müssen.

3. Die Kosten der Kanalisation und ihre Umlegung erläutert am Beispiel von Schöneberg.

Die gesamten Baukosten betrugen nach dem Kostenanschlag
28 480 000 M., die sich auf die einzelnen Positionen wie folgt verteilen:

A. Kosten des Kanalnetzes . . . . 13 940 000 M.
B. Kosten der Druckrohrleitungen . . . . 8 500 000 M.
C. Kosten für Erwerb, Aptierung, Drainierung der Rieselfelder . 3 950 000 M.
D. Kosten der Aufhaltebecken . . . . 530 000 M.
E. Kosten des Pumpwerkes . . . . 1 560 000 M.

Zusammen: I. Baukosten   28 480 000 M.

---

[1] Dem Vernehmen nach ist inzwischen die Umstellung in der geschilderten
Art erfolgt.

II. Jährliche Unterhaltungs- und Betriebskosten.

1. Für das Kanalnetz . . . . 66 000 M.
2. Für die Rieselfelder . . . . 27 000 M.
3. Für das Pumpwerk . . . . 86 600 M.

Zusammen: II. Unterhaltungs- und Betriebskosten 179 600 M.

Nach welchem Gesichtspunkt die Verteilung dieser Kosten auf die Beitragspflichtigen erfolgt ist, wurde oben bereits erwähnt.

Schöneberg hatte nach dem Vorbild von Charlottenburg den auf die Stadt entfallenden Anteil wie folgt festgesetzt:

Anteil der Stadt an den Kosten:

1. des Kanalnetzes . . . . 22% = 3 066 800 M.
2. der Druckrohrleitung . . . . 5% = 425 000 M.
3. der Rieselfelder . . . . 5% = 197 500 M.
4. der Aufhaltebecken . . . . 22% = 116 600 M.
5. der Pumpstation . . . . 5% = 78 000 M.

3 883 900 M.

Der auf die Grundeigentümer entfallende Teil für die Gesamtkosten des Ausbaues betrug somit

$$28\,480\,000 - 3\,884\,000 = 24\,596\,000 \text{ M.}$$

Die Gesamtlänge der Grundstücksstraßenfronten war auf Grund der Bebauungspläne zu 152 000 m ermittelt worden.

Auf das laufende Meter Grundstücksstraßenfront entfiel somit ein Betrag von

$$\frac{24\,596\,000}{152\,000} = 161{,}80 \text{ M.}$$

Zu den Kosten für die Unterhaltung und den Betrieb der gesamten Kanalisationsanlage hat die Stadtgemeinde in demselben Verhältnis beigetragen wie zu den Baukosten.

Anteil der Stadt an den Unterhaltungs- und Betriebskosten:

1. des Kanalnetzes . . . . 22% = 14 520 M.
2. der Rieselfelder und Druckrohre . . . . 5% = 1 350 M.
3. des Pumpwerkes . . . . 5% = 4 330 M.

20 200 M.

Die Grundeigentümer hatten somit jährlich etwa

$$179\,600 - 20\,200 = 159\,400 \text{ M.}$$

aufzubringen, die durch laufende Gebühren gedeckt werden mußten.

Es entfielen daher auf das laufende Meter Grundstücksstraßenfront an laufenden Gebühren für Unterhaltung und Betrieb

$$\frac{159\,400}{152\,000} = 1{,}05 \text{ M. pro Jahr.}$$

Da nach dem Ortsstatut ein einmaliger Betrag von nur 60 M. für das laufende Meter Grundstücksstraßenfront erhoben werden durfte, die Kosten jedoch 161,80 M. betrugen, so war auch der Rest 161,80 — 60 = 101,80 M. aus der Quote der laufenden Gebühren mit 4% Verzinsung und 1% Tilgung zu bestreiten.

Als Zusatz zur laufenden Unterhaltungs- und Betriebskostengebühr im Jahr ergab sich somit 101,80 × 0,05 = 5,09 M., so daß als Gesamtgebühr für das laufende Meter Grundstücksstraßenfront von den Eigentümern 5,09 + 1,05 = 6,14 M. in den ersten Jahren gezahlt werden mußte.

Dieser Betrag ist nicht gleichbleibend; er verändert sich nach den im Betriebe erzielten Ersparnissen.

Die folgende Tabelle der einzelnen Anleihen zeigt, daß die Höhe der veranschlagten Gesamtkosten 28,48 Millionen gegenüber den wirklichen Kosten von rund 24,0 Millionen, bei der Annahme, daß 1912 in Schöneberg 90% der Anlagen ausgebaut waren, vorsichtig bemessen war.

Jahr	Betrag	Zinsfuß	Tilgungsquote
1902	2 480 000	$3^1/_2$	2
1904	9 020 000	$3^1/_2$	$1^3/_4$
1907	5 862 000	4	2
1912	4 508 000	4	2

21 870 000 = 90% der wirklichen Baukosten.

Zu den Anteilen der Gemeinde an den Kosten muß bemerkt werden, daß diese früher sehr willkürlich festgelegt worden sind.

Schöneberg hat, als reiche Gemeinde mit einer starken allgemeinen Steuerfähigkeit, seinen Anteil sehr hoch bemessen.

Andere Gemeinden, wie z. B. auch die Kernstadt Berlin, hatten sich von einer Beteiligung in dieser Form ganz ferngehalten.

Heute müßte auch bei dieser Frage der Grundsatz der Leistung und Gegenleistung maßgebend sein. Einen genauen Maßstab für den Anteil einer Gemeinde mit Berücksichtigung des obigen Grundsatzes gibt es aber heute noch nicht. Einigen Anhalt gibt vielleicht das Verhältnis der Flächen der öffentlichen Straßen und Plätze zur gesamten bebauten Fläche der Stadt. Dann würde der Anteil der Gemeinde nach heutigem Stand zwischen 5 und 10% der Kosten schwanken.

IV. Verwaltung und Betrieb.
1. Die Verwaltung vor der Einheitsgemeinde.
A. In der Kernstadt Berlin.

Die weiteren Untersuchungen über die Organisationsformen der Groß-Berliner Kanalisation sollen in zwei Teile geteilt werden.

1. Betrachtung des Kompetenzbereichs der Stadtentwässerung.

2. Betrachtung der Gliederung des Betriebes.

Die Gliederung der Verwaltung soll durch das folgende Schema gezeigt werden:

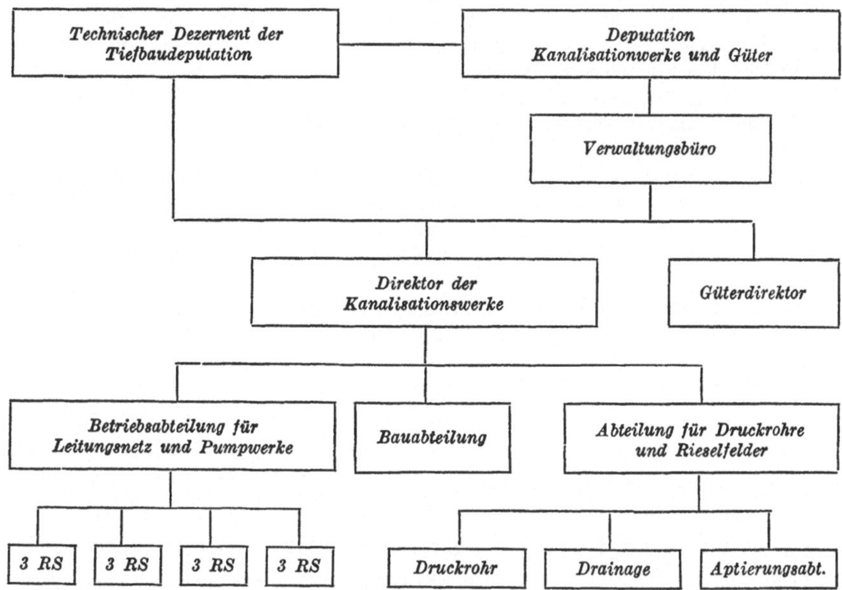

Wie aus dem obigen Schema ersichtlich, war der Kanalisationsdirektor verantwortlich einerseits gegenüber dem technischen Dezernenten der Tiefbaudeputation, andererseits gegenüber der Deputation für Kanalisationswerke und Güter, die beide ihresteils dem Magistrat unterstanden. Die in den einzelnen Abteilungen der Kanalisation ausgearbeiteten Entwürfe mußten vom technischen Dezernenten als Deputationsmitglied genehmigt werden.

Weit bedeutender und einschneidender war der Einfluß der „Deputation für Kanalisationswerke und Güter Berlin". Es folgt in gekürzter Form ein Auszug aus den Satzungen dieser Deputation zwecks Abgrenzung der Kompetenzen.

§ 1. Die auf Grund des § 59 der Städteordnung vom 30. 5. 1853 gebildete „Deputation für die städtischen Kanalisationswerke und Rieselfelder" besteht aus:

5 Magistratsmitgliedern, 10 Stadtverordneten, 1 Bürgerdeputierten und 1 Magistratsassessor.

Aus § 2. „Der Direktor der Kanalisationswerke wohnt den Sitzungen mit beratender Stimme bei, sofern nicht im Einzelfalle der Vorsitzende eine abweichende Anordnung trifft. Ausnahmsweise können in besonders wichtigen Fällen auch die Leiter der Bau- und Betriebsabteilung durch den Vorsitzenden zu der Sitzung zugezogen werden."

§ 3. Die Deputation führt die Leitung und Oberaufsicht über sämtliche Zweige der Kanalisationswerke. Ihr Geschäftsbereich erstreckt sich demgemäß auf:

„1. allgemeine Angelegenheiten auf dem Gebiete der städtischen Kanalisationswerke und Rieselfelder,

2. den Bau der Straßenleitungen, einschließlich der Notauslässe, sowie der Pumpstationen und der nach den Rieselfeldern führenden Druckrohrleitungen,

3. den Betrieb der Kanalisationswerke,

4. die Aptierung der Rieselfelder zu Rieselzwecken sowie die Verteilung der städtischen Abwässer auf denselben, die Regelung der Vorflut und die landwirtschaftliche Verwaltung der Rieselfelder usw."

Auszug aus § 4. „Zu den unmittelbaren einzelnen Geschäften der Deputationen, welche im Büro der Kanalisationswerke und Rieselfelder bearbeitet werden, gehören insbesondere:

a) die allgemeinen Verwaltungsangelegenheiten, wie alle Anträge und Berichte an den Magistrat und sonstigen vorgesetzten Behörden,

b) die Aufstellung der Etatsentwürfe,

c) die Anweisung der Kasse zur Vereinnahmung und Verausgabung von Geldbeträgen usw.,

d) die Beitreibung der Kanalisationsgebühr und Hausanschlußkosten,

e) die Erwerbung von Rieselfeldern und Ordnung der Rechtsverhältnisse derselben,

f) die Entscheidung über Rieselbetrieb und die Bewirtschaftung der Güter."

Als wichtig ist bei diesen Betrachtungen festzustellen, daß die Verwaltungsangelegenheiten, insbesondere die Gebühreneinziehung sowie die allgemeine Verwaltung nicht von der Stadtentwässerung erledigt worden sind, sondern mit Hilfe des Verwaltungsbüros unmittelbar durch die Deputation für Kanalisationswerke und Güter Berlins. Die Stadtentwässerung fungierte damals, kurz gesagt, als „technisches Ausführungsorgan der genannten Deputation".

Eine kritische Würdigung soll an dieser Stelle unterbleiben in der Meinung, daß dafür besser der heutige Organisationszustand herangezogen und diese Form im Rahmen der Arbeit nur als Vergleich betrachtet wird.

Die drei großen Abteilungen der Stadtentwässerung waren:

1. die Betriebsabteilung für Leitungsnetz und Pumpwerke,

2. die Bauabteilung,

3. Abteilung für Druckrohr und Rieselfelder.

In Alt-Berlin waren Kanalbetrieb und Maschinenbetrieb vereinigt. Diese Vereinheitlichung war organisatorisch schwer durchzuführen. Es gab hier einen Betriebsleiter und einen Ober-Maschineningenieur, die in einem gleichgeordneten Verhältnis standen. Über den Wirkungskreis des Betriebsleiters gibt die „Geschäftsanweisung für den Betriebsleiter" Auskunft.

§ 3 bestimmt: „Im besonderen hat der Betriebsdirigent den Betrieb der Straßenentwässerung und Hausanschlußanlagen, den Betrieb der Pumpstationen und diejenigen der Maschinen- und Kesselanlagen, soweit von einem ordnungsmäßigen Betrieb der letzteren der ordnungsmäßige der ersteren abhängt, zu überwachen."

In § 5 heißt es: „Der Betriebsleiter bearbeitet die Personalien der sämtlichen beim Betriebe Angestellten und Angelegenheiten betreffend die Dienstwohnungen. Er bearbeitet ferner die übrigen Verwaltungsangelegenheiten im ganzen Umfange des Betriebes und bearbeitet die mit den Unternehmern und Lieferanten zu treffenden Abkommen und abzuschließende Verträge vor."

Die Hauptaufgabe des Maschineningenieurs bestand darin, seinen von Jahr zu Jahr wachsenden Maschinenbestand jeweils den modernsten Anforderungen anzupassen. Zu dieser Aufgabe kam hinzu die Leitung und Überwachung des maschinentechnischen Teils der Pumpwerke.

Diese Abteilung hatte also gleichsam zwei Spitzen, wenngleich der verwaltungstechnische Teil in einer Hand lag, und zwar bei dem Betriebsleiter. Eine derartige Lösung kann aber nicht empfohlen werden. Es gibt zwei Auffassungen, die beide zu vertreten sind: Entweder organisatorische Vereinigung des Kanal- und Maschinenbetriebes oder Trennung dieser Betriebszweige. Der Vorteil der Einheitlichkeit liegt in der Möglichkeit, das Personal voll zu beschäftigen. Diese Lösung ist besonders in kleineren Gemeinden zu empfehlen, wo das Personal nur dann voll beschäftigt werden kann, wenn es gleichzeitig im Maschinen- und Kanalbetriebe tätig ist. Je größer und umfangreicher das Unternehmen, mit anderen Worten je bedeutender der Maschinenbetrieb wird, um so mehr ist die Trennung der Betriebe zu empfehlen.

Die Bauabteilung erledigte die Neubauangelegenheiten in Verbindung mit den zuständigen Instanzen. Ihre Bedeutung war in den Jahren des Ausbaues der Kanalisation sehr groß. Später standen mehr die Arbeiten der Betriebsabteilung im Vordergrunde.

Einen wichtigen Gegenstand der Erörterung werden im Rahmen dieser Arbeit die mit den Rieselfeldern zusammenhängenden Fragen bilden. Das Rieselfeld ist eine natürliche biologische Kläranlage und als solche ein wesentlicher Bestandteil der Stadtentwässerung; besteht doch seine Hauptaufgabe darin, die Abwässer in der technisch vollkommensten Weise zu reinigen. Die Kosten für den Grunderwerb sowie die Aptierung und Drainierung müssen deshalb von der Stadtentwässerung aufgebracht werden. Wie bereits erwähnt, wird bei dieser Art der Abwasserreinigung eine landwirtschaftliche Nutzung verbunden. Dieselbe wäre nicht denkbar ohne die Abwässer, oder mit anderen Worten ohne Stadtentwässerung. Die landwirtschaftliche Nutzung ist als „Nebenprodukt der Gewinnung" zu werten, das im engsten Zusammenhang steht mit der Hauptaufgabe der Rieselfelder. Die Abhängigkeit der landwirtschaftlichen Nutzung vom Reinigungsprozeß sowie der technisch notwendigen Verteilung des Rieselwassers auf die Stücke bedingt eine einheitliche Leitung sowohl des technischen als auch des landwirtschaftlichen Teiles der Rieselfelder. Im folgenden soll unter „betrieblicher Einheit" des Rieselfeldes diese Einheitlichkeit verstanden werden.

Die Bewirtschaftung der Rieselfelder war, wie bei Betrachtung des früheren Organisationszustandes ohne weiteres ersichtlich ist, von der Verwaltung der Stadtentwässerung als solcher getrennt (s. Organisationsschema Seite 38). Die Rieselfeldabteilung der Stadtentwässerung erledigte alle verbleibenden erforderlichen Arbeiten, insbesondere die durch die Bauausführung bedingten.

B. In den Vororten.

Das Organisationsschema der in Kanalisationsfragen selbständig vorgegangenen Berliner Vororte soll am Beispiel von Schöneberg besprochen werden.

Organisationsschema von Schöneberg.

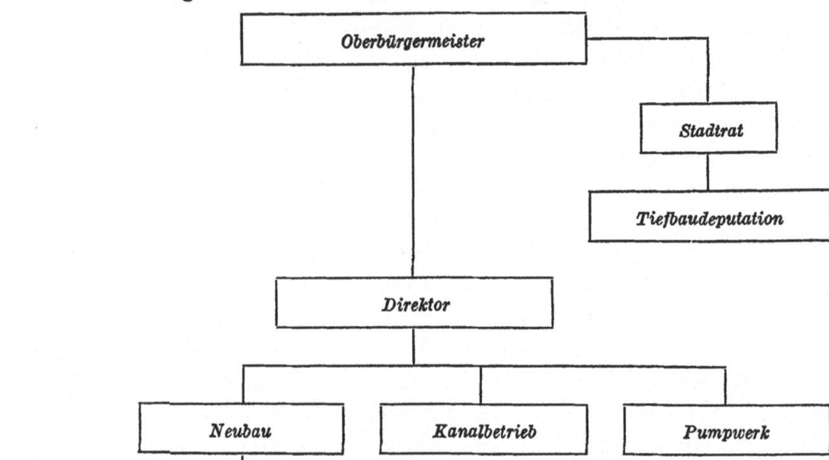

Als abweichend von der besprochenen Alt-Berliner Organisation fallen sofort folgende Punkte auf:

1. Die Einheitlichkeit der Organisation der Kanalisation einschließlich der landwirtschaftlichen Nutzung des Rieselfeldes. Die Vororte waren größtenteils dem Beispiele der Kernstadt, die Güterverwaltung gesondert zu organisieren, nicht gefolgt. Ich werde auf diesen wichtigen Punkt noch in meinen späteren Betrachtungen näher eingehen.

2. Die größeren Befugnisse des Leiters des Kanalisationswerkes gegenüber denjenigen seines Amtskollegen in der Kernstadt.

Die erweiterten Befugnisse sind hauptsächlich festzustellen in den mit der landwirtschaftlichen Nutzung der Rieselfelder zusammenhängenden Fragen. In Schöneberg hatte der Direktor noch eine Ausnahmestellung, da er direkt dem Oberbürgermeister nachgeordnet war, unabhängig von der Tiefbaudeputation. Doch liegt diese Kombination außerhalb der Norm, bei welcher der Leiter der Kanalisationswerke dem Stadtbaurat für den Tiefbau unterstellt ist.

Die Gliederung des Betriebes war in den Vororten verschieden durchgeführt. Im allgemeinen war nach dem Muster der Kernstadt der Kanalbetrieb mit dem Maschinenbetrieb vereinigt. In Schöneberg dagegen glaubte man schon damals die Trennung dieser beiden Zweige durchführen zu müssen. Dieses Verfahren hatte dort besondere Gründe. Der Maschinenbetrieb in Schöneberg hatte nämlich einen verhältnismäßig größeren Umfang als in den anderen Städten, weil dieser eigene Reparaturwerkstätten umfaßte, die einzelne Maschinenteile selbst herzustellen in der Lage waren. Trotz der Trennung zwischen Kanalbetrieb und Maschinenbetrieb waren diese Zweige unter dem Direktor ebenso zusammengefaßt, wie diejenigen eines Radialsystems der Kernstadt unter dem zuständigen Betriebsinspektor. Der Unterschied zwischen der inneren Schöneberger Organisation und derjenigen der Kernstadt bestand somit lediglich darin, daß der Betriebsinspektor der Kernstadt einen geringeren Wirkungskreis hatte wie der Direktor der Schöneberger Kanalisation, indem der Schöneberger Direktor auch Entscheidungen über den Bau, das Rieselfeld und die allgemeine Verwaltung zu treffen hatte.

Was die Bewährung dieses Systems betrifft, so muß betont werden, daß gerade das Schöneberger Rieselfeld Dt. Wusterhausen zu den bestausgebauten Anlagen des hier behandelten Gebietes gerechnet werden kann und daß hier die organisatorische Zusammenfügung der technischen und landwirtschaftlichen Arbeiten zu Reibungsschwierigkeiten nicht geführt hat.

An diesem Beispiel sieht man — bei den anderen in Betracht kommenden Vororten, wie Charlottenburg, Neukölln, Lichtenberg, liegen die Verhältnisse ähnlich —, daß die Bewirtschaftung des Rieselfeldes mit den anderen technischen Arbeiten der Kanalisation zu vereinbaren ist, und zwar in der Form einer einheitlichen Oberleitung.

2. Die Verwaltung nach der Einheitsgemeinde.

A. Die Stadtentwässerung.

Umstehendes Schema verdeutlicht das äußere Bild des heutigen Organisationszustandes.

Als äußere Merkmale der Veränderung gegenüber früher treten auf:

1. Die vollkommene Loslösung der Rieselbewirtschaftung von der Organisation der Stadtentwässerung, damit verbunden die Auflösung der Deputation für Kanalisationswerke und Güter Berlins und die Gründung einer Stadtgüter-G. m. b. H.

2. Die Auflösung aller Zweckverbände und die Zentralisation einiger Betriebe.

3. Der zentrale Haushalt der Stadtentwässerung für sämtliche Bezirksämter 1—20.

Ich werde im späteren kritischen Teile noch näher auf die obigen Punkte eingehen; hier sollen nur die Tatsachen gebracht werden. Die vorgesetzte Instanz der Stadtentwässerung ist die Tiefbaudeputation, welche sich in ihrer Zusammensetzung und ihren Befugnissen gegenüber dem behandelten früheren Zustand geändert hat.

Es seien die zum Verständnis erforderlichen Paragraphen aus den Satzungen der Tiefbaudeputation wörtlich angeführt.

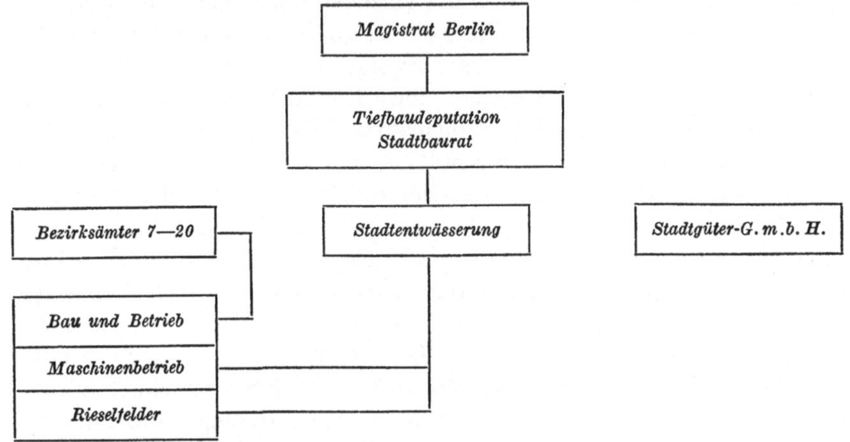

Aus § 1. Die Deputation wird gebildet aus:
5 Magistratsmitgliedern, 16 Stadtverordneten, 6 Bürgerdeputierten.
Die Ausschüsse setzen sich zusammen aus:
2 Magistratsmitgliedern, 7 Stadtverordneten, 2 Bürgerdeputierten.
Aus § 2. In der Deputation erfolgt ferner:
Prüfung tiefbautechnischer und entwässerungstechnischer Entwürfe für Anlagen, die unmittelbar dem Magistrat unterstellt sind.
§ 4. Sitzungen. An den Sitzungen der Deputation und der Ausschüsse nehmen auch teil: der Vertreter des Stadtbaurats, die Leiter der Hauptdienststellen und die Vorsteher der technischen Büros.
Die Tiefbaudeputation umfaßt 4 Hauptdienststellen. Tief. II ist die Stadtentwässerung.
§ 6. Aufgaben der Bezirksämter. Die Bezirksämter erledigen die örtlichen Aufgaben unter eigener Verantwortung nach den Grundsätzen und Betriebsanweisungen des Magistrats, und zwar u. a.:
h) die Ausarbeitung der Entwürfe für die Entwässerungsleitungen,
i) den Bau und Umbau der Entwässerungsleitungen,
k) den Betrieb und die bauliche Unterhaltung von Entwässerungsleitungen und die Herstellung der Hausanschlüsse. (In den Bezirken 1—6 erfolgt Entwurfsbearbeitung, Bau, Betrieb und bauliche Unterhaltung von Entwässerungsanlagen und die Herstellung der Hausanschlüsse durch den Magistrat.)

Der heutige Organisationszustand ist also als teilweise Zentralisation zu kennzeichnen.

Zentralisiert sind:

1. Maschinenbetrieb.

2. Die technischen Arbeiten der Rieselfelder.

3. Die Bewirtschaftung der Rieselfelder in von der Stadtentwässerung gänzlich unabhängiger Organisation durch die Stadtgüter-G. m. b. H.

Nicht zentralisiert, also den einzelnen Bezirksämtern unterstellt, sind der Bau und Betrieb der Stadtentwässerungsleitungen der früheren Vororte der heutigen Bezirksämter 7—20.

Zur Zeit besteht in jedem der erwähnten Bezirke 7—20, ob klein oder groß, ein besonderes Stadtentwässerungs- bzw. Bauamt als Abteilung des Tiefbauamtes mit besonderem Personal. Die Organisation der Bezirksämter in der Entwässerung ist verschieden je nach ihrer Größe. U. a. hatten Charlottenburg und Treptow folgende Anordnung.

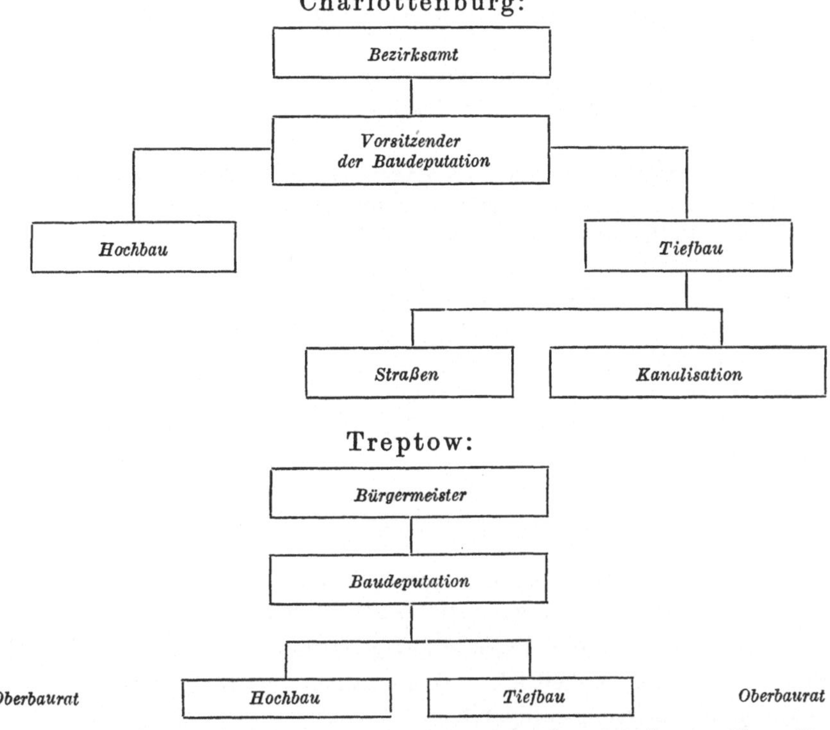

Der Kompetenzbereich der Zentrale erstreckt sich heute über die folgenden Gebiete: den gesamten Maschinenbetrieb, die technischen Arbeiten sämtlicher Groß-Berliner Rieselfelder, den Bau und Betrieb des Straßenleitungsnetzes der Alt-Berliner Bezirke 1—6, die Verwaltungsangelegenheiten, und vor allem auch die Aufstellung des zentralen Haushalts der Stadtentwässerung für sämtliche Bezirke 1—20. Der Haushalt bedarf der Bewilligung durch den Magistrat, darüber hinaus muß derselbe im Rahmen des Gesamthaushaltsplanes der Stadt durch die Aufsichtsbehörde, den Oberpräsidenten der Provinz, genehmigt werden. Außerdem muß die auf Vorschlag der Stadtentwässerung von den städtischen Körperschaften beschlossene Höhe des Gebührensatzes nach dem Kommunalabgabegesetz ebenfalls vom Oberpräsidenten genehmigt werden. Der Haushalt bedarf der Genehmigung des Magistrats und der Stadtverordneten. Nach diesen Feststellungen ergibt sich das eigenartige Bild, daß die Zentrale wohl für alle notwendigen Kosten der Bezirke aufkommen muß, u. a. auch beim Neubau und Betrieb des Straßenleitungsnetzes derjenigen Bezirke, in welchen der Zentrale ein Recht zur Kontrolle nach dem heutigen Organisationszustand gar nicht eingeräumt ist.

Wohl müssen, laut § 2 der „Grundsätze für die Geschäftsführung der Bezirksämter" Bauvorhaben wie Neubauten, Umbauten, ferner größere Unterhaltungsarbeiten dem Magistrat zur Genehmigung vorgelegt werden, aber die Stadtentwässerung als solche steht in keinem vorgesetzten Verhältnis zu den Bauämtern der Bezirke 7—20.

Erläuterung des Organisationsplanes.

Der Gesamtbetrieb zerfällt in einzelne Abteilungen, deren Wirkungskreise der Reihe nach besprochen werden sollen.

Die Verwaltungsabteilung.

a) Ausarbeitung von Richtlinien für die Aufstellung und Gliederung der Voranschläge zum Haushaltsplan.

b) Desgleichen für den Kassenabschluß des Verwaltungsbereichs.

c) Prüfung der Voranschläge der Bezirke 7—20 für den Haushaltsplan.

d) Die Veranlagung und Einziehung der Entwässerungsgebühren.

e) Organisationsangelegenheiten der Stadtentwässerung.

Die Maschinenbau- und Betriebsabteilung.
Ihre Aufgabe als Zentralverwaltung.

1. Überwachung und Leitung des gesamten Maschinenbetriebes der Pumpwerke nach einheitlichen Grundsätzen für die betriebliche Ausnutzung der Leistungsfähigkeit.

2. Aufstellung und Durchführung der Entwürfe für Neu- und Umbauten sowie Erweiterungen der Pumpwerke entsprechend den Fortschritten der Fachwissenschaft.

Zur Überwachung und örtlichen Leitung der Pumpwerke und zugehörigen Anlagen sowie Ausführung der nicht unmittelbar geleiteten Bauarbeiten sind dem Maschinenbau- und Betriebsamt 3 Maschinenämter unterstellt. Die weitere Gliederung ist aus dem Organisationsplan ersichtlich.

Organisations- und Gliederungsplan der Stadtentwässerung.

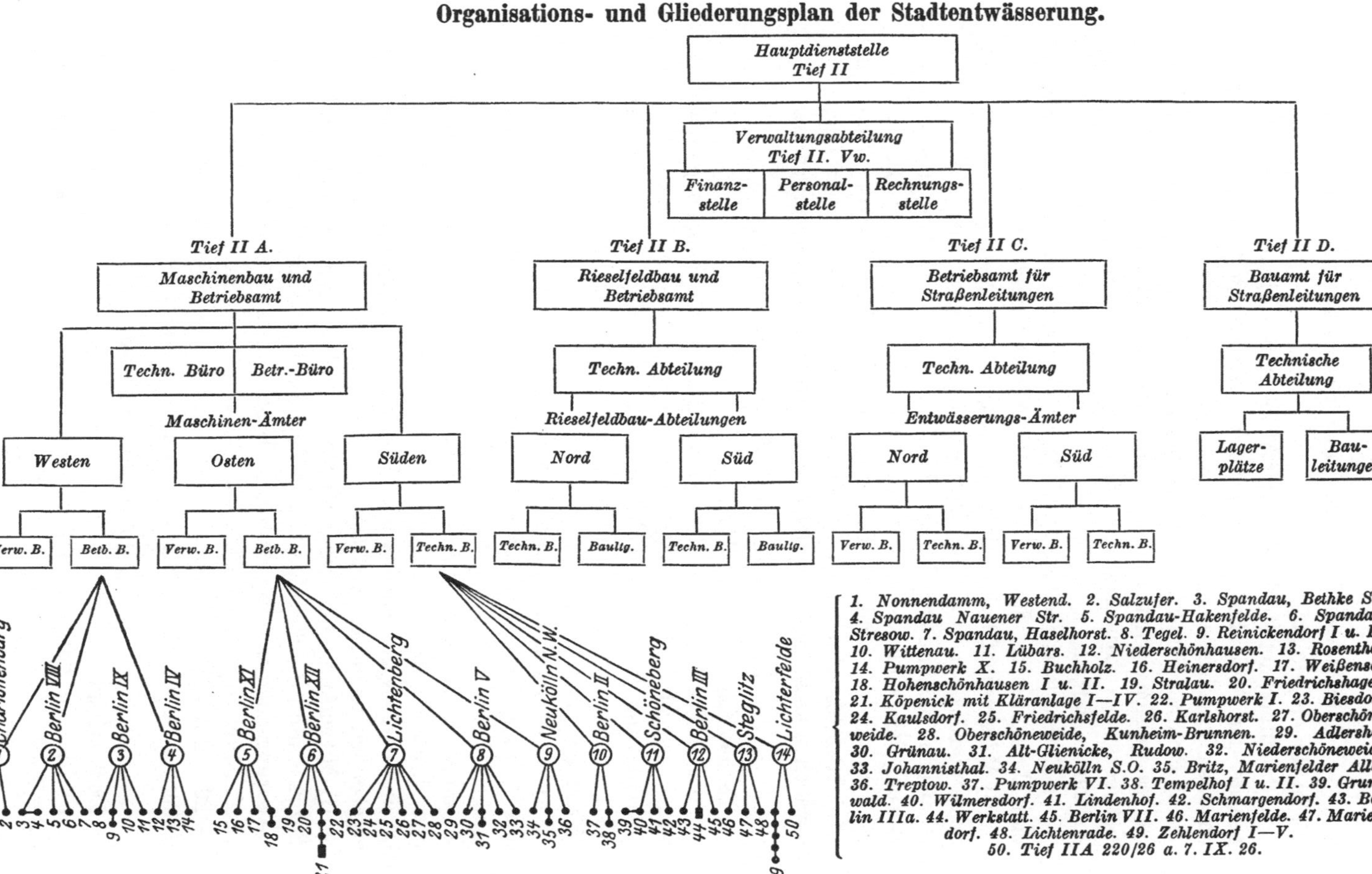

1. Nonnendamm, Westend. 2. Salzufer. 3. Spandau, Bethke Str. 4. Spandau Nauener Str. 5. Spandau-Hakenfelde. 6. Spandau-Stresow. 7. Spandau, Haselhorst. 8. Tegel. 9. Reinickendorf I u. II. 10. Wittenau. 11. Lübars. 12. Niederschönhausen. 13. Rosenthal. 14. Pumpwerk X. 15. Buchholz. 16. Heinersdorf. 17. Weißensee. 18. Hohenschönhausen I u. II. 19. Stralau. 20. Friedrichshagen. 21. Köpenick mit Kläranlage I—IV. 22. Pumpwerk I. 23. Biesdorf. 24. Kaulsdorf. 25. Friedrichsfelde. 26. Karlshorst. 27. Oberschöne-weide. 28. Oberschöneweide, Kunheim-Brunnen. 29. Adlershof. 30. Grünau. 31. Alt-Glienicke, Rudow. 32. Niederschöneweide. 33. Johannisthal. 34. Neukölln S.O. 35. Britz, Marienfelder Allee. 36. Treptow. 37. Pumpwerk VI. 38. Tempelhof I u. II. 39. Grunewald. 40. Wilmersdorf. 41. Lindenhof. 42. Schmargendorf. 43. Berlin IIIa. 44. Werkstatt. 45. Berlin VII. 46. Marienfelde. 47. Marien-dorf. 48. Lichtenrade. 49. Zehlendorf I—V. 50. Tief IIA 220/26 a. 7. IX. 26.

Die Rieselfeldbau- und Betriebsabteilung.

In dieser erfolgt:

a) Prüfung der Möglichkeit der Abwasserbeseitigung für solche Stadtgebiete der Außenbezirke, die noch keine geregelte Schmutzwasserentwässerung besitzen.

b) Prüfung der Frage, ob Stillegung von Rieselfeldern notwendig ist; es werden ferner Fragen behandelt, die mit der Umstellung des Betriebes aus Gründen der Betriebssicherheit und Kostenersparnis zusammenhängen.

c) Entwurfsbearbeitung und Bauvorbereitung für Neuerweiterung und Umbauten an den Anlagen der Abwasserbeseitigung.

d) Wissenschaftliche Untersuchungen zur Nutzbarmachung der Schlammrückstände zwecks Dünger- und Gasgewinnung für landwirtschaftliche und industrielle Zwecke. Für die Überwachung und örtliche Leitung des Betriebes der Rieselfelder und Vorfluter, ferner für die Ausführung der notwendigen Instandsetzungsarbeiten sind der Abteilung zwei Rieselbauabteilungen unterstellt, deren Arbeitsgebiet nach den nördlich und südlich der Spree liegenden Gebieten getrennt ist.

Betriebsamt für Straßenleitungen.

Es hat folgende Aufgaben:

a) Die Bearbeitungen der Ordnungen für die Erhebung von Entwässerungsgebühren, Anliegerbeiträgen und Entgelt für die Straßenentwässerung, Erlaß von Richtlinien, Entscheidungen und Ausführungsbestimmungen für diese sowie Regelung aller hiermit im Zusammenhang stehenden generellen Fragen.

b) Mitwirkung bei Neuaufstellung, Abänderung und Auslegung der das Arbeitsgebiet der Stadtentwässerung berührenden Polizeiverordnungen, Erlaß von Richtlinien und Ausführungsbestimmungen hierzu im direkten Verkehr mit den zentralen Dienststellen der Baupolizei und Straßenbaupolizei.

c) Regelung der sich aus dem Wassergesetz für die Stadtentwässerung ergebenden technischen Fragen.

d) Mitwirkung bei der tiefbautechnischen Prüfung der von den Bezirksämtern 1—20 aufgestellten Bebauungspläne hinsichtlich der Entwässerungsanlagen. Der Bau und Betrieb in den Bezirken 1—6 sind dieser Abteilung unmittelbar unterstellt, während derjenige der Bezirke 7—20 von der Zentrale unabhängig ist. Nur die generelle Regelung der Gebühren ist in allen Bezirken einheitlich durchgeführt.

Die Bauabteilung.

Dort erfolgt:

a) Die Entwurfsbearbeitung von Entwässerungsanlagen der Bezirke 1—6.

b) Die Prüfung der Entwässerungsentwürfe der Bezirksämter nebst den dazugehörigen Kostenanschlägen.

c) Prüfung der von den Bezirken einzureichenden Bauprogramme für die Aufnahme in den Haushaltsplan.

d) Die Bauführung in der Kernstadt.

B. Die Stadtgüter-G. m. b. H., ihr Verhältnis zur Stadtentwässerung.

Es ist bereits bei der Besprechung des früheren Organisationszustandes darauf hingewiesen worden, daß die Bewirtschaftung der Rieselfelder nicht von der Stadtentwässerung, sondern von der „Deputation für Kanalisationswerke und Güter" geleitet worden ist. Im Jahre 1920 wurde diese Deputation aufgelöst, weil sich die Leitung der Güter ganz von dem Kanalisationswerk trennen wollte. Die Güter bildeten in diesem Interimszustande eine Deputation mit den Forsten, die sog. „Deputation für Güter und Forsten". Bald danach wurde auch diese Deputation wegen des Ausscheidens der Forsten aufgelöst.

1922 erfolgte daraufhin die Gründung der Stadtgüter-G. m. b. H. Mit dieser Gründung wurde der landwirtschaftliche Betrieb der Rieselfelder losgelöst von den Dienststellen des Magistrats. Der Betrieb konnte sich hiermit frei machen von den Hemmungen der kameralistischen Buchführung, die gerade auf jenem Gebiete die Entwicklung störten. Die Vorteile dieser Entscheidungen und Dispositionen sowie die Absicht, durch privatwirtschaftliche Methoden größere Gewinne herauszuarbeiten, sind die Grundmotive für das Zustandekommen der Stadtgüter-G. m. b. H. gewesen. Die Satzungen, deren einschlägigen Punkte gekürzt wiedergegeben seien, geben ein Bild von der Struktur der Gesellschaft.

§ 1. „Die Stadt Berlin und Herr Stadtrat Fritz Wege zu Berlin gründen eine gemeinnützige Gesellschaft mit beschränkter Haftung unter der Firma „Berliner Stadtgüter-Gesellschaft mit beschränkter Haftung".

§ 3. „Gegenstand des Unternehmens ist die Verwaltung und Bewirtschaftung der städtischen Riesel- und anderen Güter und sämtlicher landwirtschaftlich genutzten Flächen der Stadt Berlin einschließlich der Nebenbetriebe und sonstigen Anlagen."

§ 7. „Das Stammkapital der Gesellschaft beträgt 20 000 M. Hierauf haben die Gesellschafter folgende Bareinlagen zu leisten:

1. die Stadt Berlin 19 000 M. (neunzehntausend Mark),
2. Stadtrat Wege   1 000 M. (eintausend Mark)."

§ 9. „Die Organe der Gesellschaft sind:

1. Geschäftsführer,
2. Aufsichtsrat,
3. Versammlung der Gesellschafter."

§ 11. „Der Aufsichtsrat wird von der Versammlung der Gesellschafter gewählt. Er besteht aus 14 Personen, und zwar von dem Magistrat vorzuschlagende Personen der städtischen Verwaltung, darunter mindestens

2 Magistratsmitglieder,

6 von der Stadtverordnetenversammlung vorzuschlagende Personen dieser Versammlung,

1 Landwirt von anerkannt wissenschaftlicher und praktischer Tüchtigkeit,
1 im Gemüsebau erfahrener Landwirt."

§ 17. „Die Jahresbilanz ist von den Geschäftsführern in den ersten 3 Monaten nach Schluß des Geschäftsjahres aufzustellen und mit dem Bericht des Aufsichtsrates durch die Gesellschafterversammlung zu genehmigen.

Die Genehmigung der Bilanz durch die Gesellschafterversammlung schließt die Entlastung der Geschäftsführer und des Aufsichtsrates in sich.

Die Bilanz wird außerdem der Stadtverordnetenversammlung von Berlin zur Kenntnis vorgelegt."

§ 18. „Die Gesellschaft bedarf der Genehmigung der städtischen Körperschaften:

a) zur Aufnahme von festen Anleihen,
b) zur Übertragung der Bewirtschaftung der Güter an Dritte,
c) zur Verpachtung ganzer Güter."

§ 19. „Die gesamten Erträgnisse der Güter fließen der Stadt Berlin unmittelbar zu."

Die Leitung der Geschäfte liegt in Händen von zwei Direktoren und einem Prokuristen, die am Reingewinn persönlich interessiert sind.

In Verwaltung sind etwa 24 060 ha, wovon rund 12 000 ha mit Abwasser berieselt werden. Die einzelnen Güter sind, wie früher, zu Administrationen zusammengeschlossen. Die Leiter der Administrationen sind ebenfalls am Gewinn beteiligt (die Quote schwankt zwischen 3—15 %).

Einzelne Güter sind in Generalverpachtung. Das Bild ist das folgende:

In eigener Bewirtschaftung befinden sich insgesamt 16 430 ha, davon:

	Rieselland 8440 ha	
	Naturland 7990 „	
hiervon sind:	5400 „	Rieselland
	1800 „	Naturland
an kleinere Pächter vergeben.		
In Generalverpachtung sind:	3787 ha	Rieselland
	3843 „	Naturland.
Im ganzen also	7630 ha.	

Als Buchführung ist das System der D.L.G. (Deutschen Landwirtschaftlichen Gesellschaft) eingeführt, das Ähnlichkeit mit der amerikanischen Buchführung hat. Sie ist dem landwirtschaftlichen Betriebe angepaßt und berücksichtigt den Umstand, daß nicht alle Betriebsfaktoren in Geldwerten ausgedrückt sind (Deputate u. dgl.). In der Zentralverwaltung sind 35 Angestellte beschäftigt. Der Stadtgüter-G.m.b.H. ist außerdem das Vermessungsbüro angegliedert.

Der Magistrat Berlin hat mit den einzelnen Pächtern Verträge geschlossen, aus denen die Rechte und Pflichten der vertragschließenden Teile ersichtlich sind.

Die Pachtverträge sind auf 18 Jahre, bis zum Jahre 1940 abgeschlossen.

Das Pachtgeld ist in Roggenwährung angegeben, muß aber in bar bezahlt werden.

Die Ausbesserung und Unterhaltungsarbeiten werden bis zur Höhe von 2% der Pachtsumme vom Pächter getragen. Selbstverständlich muß der Pächter, wie es in den Pachtverträgen wörtlich heißt, § 7, „das Pachtgut nach den Regeln einer ordnungs- und zeitgemäßen Wirtschaft nutzen und darf von der Substanz des Gutes — ohne schriftliche Einwilligung der Verpächterin — nichts veräußern".

Eine Unterpachtung ist den Pächtern gestattet, „wobei Kleinpächter zu bevorzugen sind", § 7. Über den „Eintritt in besondere Verpflichtungen des Pächters" bestimmt:

§ 11. Pächter ist verpflichtet, die ihm zugewiesenen Abwassermengen aufzunehmen und derartig zu verrieseln, daß der von den staatlichen Aufsichtsbehörden geforderte Reinigungsgrad erreicht und Durchfeuchtungen fremder Ländereien vermieden werden.

Die Kosten für das Rieselpersonal, bestehend aus Rieselmeistern und Rieselwärtern, trägt die Verpächterin. Die Beseitigung etwaiger Schäden der Rieselfeldanlagen ist durch den Pächter auf seine Kosten auf Verlangen der Verpächterin unter deren Aufsicht sofort auszuführen. Die Räumung und Unterhaltung der Vorfluter außerhalb der Grenzen des Riesellandes trägt die Verpächterin.

Der Pächter stellt, löhnt und entläßt das Rieselpersonal und führt die Aufsicht über dasselbe. Die Löhnung hat wie für die Gutsarbeiter nach dem Kreislandarbeitertarif zu erfolgen. Die Auslagen für die Löhne werden zu den jährlich festgesetzten Stundenzahlen und Sätzen, die Deputate zu den Berliner Marktpreisen dem Pächter monatlich zurückerstattet."

Aus diesem Pachtvertrag ist also zu erkennen, welche Arbeiten vom Magistrat übernommen worden sind. Die technische Kontrolle ist in Händen der Stadtentwässerung, was an sich eine Selbstverständlichkeit sein muß. Was aber die technischen Befugnisse der Stadtentwässerung in der Praxis anlangt, so ist hier eine klare Grenze zwischen dem Kompetenzbereich der Stadtentwässerung und der Stadtgüter-G. m. b. H. nicht zu erkennen. Da die Aufgaben dieser beiden Instanzen bis heute noch nicht vertraglich getrennt sind, entstehen Kompetenzstreitigkeiten, die, strenggenommen, unnütze Arbeitsleistungen darstellen.

An dieser Stelle soll von einer Kritik abgesehen werden; ich bringe an Hand der in der Praxis auftretenden Fälle die Dinge, wie sie heute zu erkennen sind. Wir haben zwei Fälle zu unterscheiden:

1. den der Generalverpachtung,

2. den der Selbstbewirtschaftung.

1. Ein beträchtlicher Teil des gesamten Bodenbesitzes der Stadt ist in Generalpacht abgegeben (vgl. S. 44). Dieser Anteil beträgt rund ein Drittel der Gesamtfläche.

Dazu kommen die parallel liegenden Fälle derjenigen Teile der selbstbewirtschafteten Güter, die unverpachtet sind. Dieser Anteil beläuft sich auf 45% der Güter in Selbstbewirtschaftung und 30% der

Gesamtsumme. Der Anteil dieser Unterverpachtung des Riesellandes beträgt sogar 65% der entsprechenden Quote.

Der Faktor der Verpachtung fällt also sehr ins Gewicht.

Sämtliche Pachterträge erhält die Stadtgüter-G. m. b. H., die als Gegenleistung den Generalpächtern, strenggenommen, wenig bietet. Die Stadtentwässerung dagegen stellt das Rieselpersonal und sorgt für die technische Seite der Anlagen.

2. Während im ersten Fall die Stadtgüter-G. m. b. H. nennenswerte Leistungen nicht verrichtet, aber dennoch die Pachterträge einnimmt, erscheint bei der Selbstbewirtschaftung die Sachlage anders.

Die Administratoren auf den einzelnen Gütern haben die große und schwierige Aufgabe, die höchsten Erträge herauszuwirtschaften, ohne die technischen Anlagen zu zerstören. Diese Administratoren sind der Zentrale der Güter unterstellt und müssen deren Anordnungen Folge leisten.

Die Administratoren sind heute Angestellte der Stadtgüter-G. m. b. H. Die Stadtentwässerung hat die Kontrolle über die technische Seite des Betriebes. Sie stellt das Rieselpersonal, kommt für die technischen Unterhaltungsarbeiten in den im Pachtvertrag festgesetzten Grenzen auf. Die großen Schwierigkeiten, die infolge des heutigen Organisationszustandes auftreten, sind gerade auf den selbstbewirtschafteten Gütern am schärfsten zu erkennen.

Die Stadtentwässerung gibt ihre Weisungen zur Unterbringung der Abwässer nicht an die einzelnen Administratoren, sondern an die Direktion der Stadtgüter-G. m. b. H. Die Direktion ist aber nach dem heutigen Zustande nicht verpflichtet, diese an die zuständigen Stellen zur Ausführung weiterzugeben.

Es sind also für die betriebliche Einheit Rieselfeld zwei Instanzen zuständig, die nebeneinander und unter Umständen sogar gegeneinander arbeiten können. Die Schaffung eines klaren Rechtszustandes zwischen den beiden erwähnten Instanzen erscheint mir daher notwendig. Nicht nur die Verwaltungsarbeiten, sondern auch vor allem die technischen Einrichtungen der Rieselfelder müssen unter diesem Verhältnis leiden.

3. Der Betrieb der Kanalisationsanlagen.

In den Abschnitten Kanalbetriebs- und Maschinenbetriebskosten werde ich mich mit einem Hinweis auf die in den einzelnen Verwaltungsberichten veröffentlichten Betriebsstatistiken beschränken. Die dort veröffentlichten Zahlen der einzelnen Positionen sind nicht näher begründet, somit kann zu ihnen kritisch nicht Stellung genommen werden. Tabelle 1 im Anhang gibt Aufschluß über die Betriebskosten für 1 cbm gefördertes Abwasser. In dem dann folgenden Abschnitt über die

Rieselfelder benutze ich die Ergebnisse der Untersuchungen von Nasch über die Alt-Berliner Rieselfelder, um aus ihnen weitere Folgerungen zu ziehen.

A. Kanalbetriebskosten.

Der Vergleich der Betriebskosten z. B. der Kernstadt mit Schöneberg ergibt äußerlich einen Unterschied um das Zehnfache. Es wäre aber falsch, anzunehmen, daß diese Kosten in Schöneberg zehnmal höher waren als in der Kernstadt. Die Kosten von durchschnittlich 0,5 Pf. für den Kubikmeter sind in der Kernstadt diejenigen für das Spülen, Reinigen sowie die bauliche Unterhaltung der Kanäle, während Schöneberg außer diesen Positionen eingesetzt hat:

1. die Sinkkastenreinigung,
2. den Betrieb und die Unterhaltung der Bedürfnisanstalten.

M. E. ist es besser, die letztangeführten in den Schöneberger Zahlen enthaltenen Positionen nicht in die Kanalbetriebskostenrechnung einzustellen, um für die Beurteilung der Wirtschaftlichkeit dieses oder jenes Reinigungs- und Spülprozesses einen übersichtlicheren Maßstab zu bekommen.

Im vorliegenden Falle machen z. B. allein die Kosten der Sinkkastenreinigung 30% der Gesamtkosten aus.

B. Die Maschinenbetriebskosten.

Diese sind in der Tabelle für den Kubikmeter gepumptes Abwasser zusammengestellt. Freilich sagen diese Zahlen nichts aus über die Wirtschaftlichkeit der einzelnen Pumpwerke. Der Unterschied in den Werten erklärt sich, gleiche Kosten für die Energiewirtschaft auf den Stationen vorausgesetzt, aus den Eigentümlichkeiten des Druckrohrnetzes, also aus der Rohrlänge, dem Durchmesser, der geodätischen Förderhöhe und dem Belastungsfaktor.

C. Die Bewirtschaftung der Rieselfelder und ihre Rentabilität.

Die wirtschaftlichen Kernfragen heißen: städtischer Eigenbetrieb oder Verpachtung. Maßgebend für die Wahl des einen oder des anderen Systems ist allein der Gesichtspunkt des Ertrages. Die zu erzielenden Erträge richten sich in erster Linie nach den Anbauverhältnissen. Es muß beachtet werden, daß die Abwässer, besonders wenn sie in konzentrierter Form auf die Stücke kommen, einen so hohen Dungwert darstellen, daß sie die Verkrautung der Pflanzen begünstigten. In dieser Tatsache liegt die Erklärung, weshalb Getreide, Rüben und Kartoffeln weniger Erträge liefern als auf Naturländereien. Dagegen ist als typische Rieselpflanze das Rieselgras anzusprechen; es liefert im Mittel fünf Schnitte in einer Saison, unter besonders günstigen Umständen sogar sieben bis acht. Auch bei Gemüsepflanzen sind gute Ergebnisse erzielt, doch besteht auch hier die Gefahr einer Verkrautung. Festzustellen ist also, daß von den drei Kulturarten des Rieselbetriebes der Grasanbau in erster, in zweiter Linie der Gemüsebau den Voraussetzungen eines wirtschaftlichen Erfolges entsprechen.

Der Anbau von Rieselgras und Gemüse kommt aber gerade beim Eigenbetrieb in nicht so starkem Maße in Frage, ersteres wegen der Schwierigkeiten des Absatzes, das zweite wegen des Mehraufwandes an menschlicher Arbeitskraft. Der Eigenbetrieb ist immer ein Großbetrieb; dieser ist aber sehr erschwert durch die technische Notwendigkeit, die Fläche in 1 bis $1^1/_2$ Morgen große Parzellen für die Berieselung einzuteilen, wodurch ein vertausendfachter Kleinbetrieb als Großbetrieb entsteht. Das Rieselgut Hobrechtsfelde z. B. hat im Rieselbetrieb 3600 Einzelstücke zu bestellen, wogegen es im gewöhnlichen Betriebe nur in höchstens 12 Schläge eingeteilt war. Es ist daraus zu ersehen, daß der Rieselbetrieb erhebliche Kosten bedingt, die Wirtschaft im Großbetriebe erschwert, da Maschinen usw. kaum zu verwenden und auch schlecht auszunutzen sind. Schon das Pflügen mit den Zugtieren erfordert durch das oftmalige Wenden und die damit verbundene geringere Leistung eine große Gespannviehhaltung, also vermehrtes Inventar.

Bei der Verpachtung der einzelnen Rieselstücke an Molker und Gärtner treten die Nachteile der kleinen Stücke nicht in dem geschilderten Maße auf, weil die kleinen Gärtner sowieso kleinere Flächen anbauen, meistens mit dem Spaten und der Handhacke die Felder bewirtschaften. Andererseits ist das Rieselland für diese kleineren Landwirte von besonderer Wichtigkeit, da sie diese Flächen nicht nur ungedüngt lassen können, sondern teilweise noch Dünger (Schlick) von den Flächen abnehmen, und infolge verstärkter Viehhaltung durch das Rieselgras eine größere Anzahl von Milchkühen halten können, so daß sie in der Lage sind, ihren Eigenbesitz an Naturländereien so kräftig zu düngen, daß sie hier erhöhte Erträge gewinnen.

Von den städtischen Rieselfeldern sind diejenigen Rieselgüter, bei denen die Hälfte der Fläche Rieselfelder, die andere Hälfte Naturland ist, die wirtschaftlich besten und ertragsreichsten. Es werden auf den Rieselstücken nur Gras und Rüben gepflanzt, die am wenigsten Arbeit beanspruchen und die größten Erträge bringen.

Mit dem Ertrage steht die Rentabilitätsfrage im Zusammenhang. Hierbei muß unterschieden werden:

1. die eigentliche Rentabilitätsrechnung, welche als vergleichende Kalkulation der Kosten bei der Anlage gegenüber anderen Reinigungsverfahren durchgeführt wird;

2. die Rentabilität der landwirtschaftlichen Nutzung, die aufgestellt werden kann, um zu untersuchen, in welcher Weise die Erträge steige-

rungsfähig sind, und um einen Vergleichsmaßstab zu haben gegenüber anderen Rieselfeldern bzw. Naturländereien.

Zu 1. Diese Rentabilitätsrechnung entscheidet über die Zweckmäßigkeit der Anlage eines Rieselfeldes. Hierbei wird, wie Imhoff neuerdings wieder festgestellt, das Rieselverfahren unter den durchgreifenden Reinigungsverfahren dort seine vorherrschende Stellung bewahren, wo geeignetes Land vorhanden ist und die völlige Reinigung des Abwassers auch wirklich nötig ist.

Zu 2. Diese nur den landwirtschaftlichen Teil berücksichtigende Rentabilität finden wir in den Verwaltungsberichten. Dort wird als „Grundrente der Rieselgüter" das Verhältnis zwischen der Differenz der laufenden Einnahmen und Ausgaben einerseits und dem Anlagekapital ohne Berücksichtigung des sog. Meliorationskapitals der Aptierung und Drainierung andererseits angegeben. Laut Verwaltungsberichte sind außer Betracht geblieben die Anleihezinsen und Amortisationsraten, sowie der Anteil der Rieselgüter an den allgemeinen Verwaltungskosten der Deputation. Die einzelnen, aus dieser Art der Berechnung abgeleiteten Durchschnittswerte werden obenstehend als Schaubild aufgetragen. (Abb. 1.)

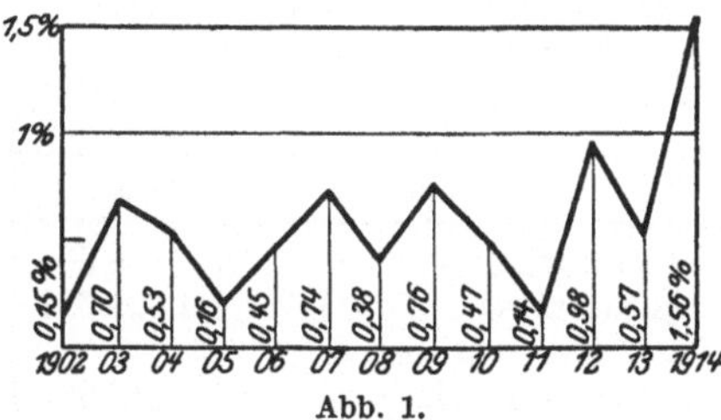

Abb. 1.

Will man sich ein Bild machen über die jährlichen Aufwendungen, die ein Rieselfeld per Saldo erfordert, so muß über die Einnahme- und Ausgaberechnung der Verwaltung hinaus eine Aufwand- und Ertragsrechnung aufgestellt werden. Während bei anderen Reinigungsverfahren, so z. B. den biologischen Tropfkörpern, für den Betrieb nur Aufwendungen entstehen, steht auf der Einnahmeseite bei den Rieselfeldern meistens der Ertrag aus der landwirtschaftlichen Nutzung. Dieser Ertrag kann, wie das unten angeführte Beispiel aus dem Jahre 1908 zeigt, auch negativ werden, wenn die Ausgaben für Löhne und u. a. den landwirtschaftlichen Erlös übersteigen. Die jährlichen Aufwand- und Ertragsrechnungen mit Berücksichtigung der „betrieblichen Einheit" der Rieselfelder (vgl. S. 35) ergeben das folgende:

Ertrag aus der landwirtschaftlichen Nutzung (s. Verwaltungsberichte). Abschreibungen auf Wirtschaftsgebäude sind für Fachwerkbauten mit 5%, für massive Bauten mit 2% eingesetzt.

Aufwendungen des Jahres.

Diese setzen sich zusammen aus:

1. Verwaltungskosten (s. Verwaltungsberichte).

2. Anleihezinsen (s. Verwaltungsberichte).

3. Den jeweiligen in den Extraordinarien II der Etats genannten Beträgen aus den laufenden Mitteln, welche zu Reparaturen an Wirtschaftsgebäuden, Grabenräumungen, sowie bei laufenden Betriebsarbeiten der Umdrainierung und Umaptierung Verwendung fanden.

4. Den Beträgen aus Extraordinarium I der Etats, welche aus Anleihemitteln gedeckt sind, die zu Neu- und Erweiterungsbauten notwendig waren. Diese sollen hier zu 2% als Ausgabe des Jahres eingesetzt werden, wobei berücksichtigt wird, daß die Baugelder auf das ganze Jahr verteilt sind.

Um eine Rechnung zu erhalten, die als Ergebnis die laufenden, jährlichen Ausgaben für die Rieselfelder darstellt, sollen die „Zinsen auf das Eigenkapital" wegfallen, was um so unbedeutender erscheint, als von den 77 Millionen Mark Anlagekosten 74,5 Millionen aus Anleihen aufgebraucht worden sind.

Als Beispiele sollen die Jahre 1905, 1908, 1914 gelten.

1905:

Aufwand	M	Ertrag	M
Verwaltungskosten . . .	38 500	Ertrag aus der landwirtschaft-	
Anleihezinsen	1 529 621	lichen Nutzung	97 842
Laufende Ausgaben		Unterdeckung	1 785 119
Extraordinarium . . .	213 000		
2% auf Extraordinarium I	1 840		
	1 882 961		1 882 961

1908:

Aufwand	M	Ertrag	M
Verwaltungskosten . . .	35 000	Unterdeckung	1 739 900
Anleihezinsen	1 357 800		
Laufende Ausgaben			
Extraordinarium II . .	97 400		
2% auf Extraordinarium I	6 000		
landw. Betriebsverlust 1908	243 700		
	1 739 900		1 739 900

1914:

Aufwand	M	Ertrag	M
Verwaltungskosten . . .	47 629	Landw. Betriebsüberschuß .	1 197 205
Anleihezinsen	1 604 451	Unterdeckung	1 080 497
Laufende Ausgaben			
Extraordinarium II . .	524 076		
2% auf Extraordinarium I	1 546		
	2 277 702		2 277 702

Wir ersehen aus diesen Aufstellungen, was die Alt-Berliner Rieselfelder, als Ganzes genommen, jährlich an Aufwendungen gekostet haben.

Hierbei ist der Ernteausfall von Bedeutung; da dieser je nach den Witterungseinflüssen stark schwankt, ändert sich auch das Ergebnis.

1908 war ein Jahr schlechten Ernteausfalles und großer Hagelschäden, was sich im Posten „landwirtschaftlicher Betriebsverlust" ausdrückt.

1914 war demgegenüber ein Jahr reichen Ertrages. Auf das Abrechnungsergebnis hat dieser günstige Umstand keinen merklichen Einfluß ausüben können (s. Abb. 49), weil die anderen Faktoren, insbesonders der Betrag des Extraordinariums II im Vergleich zu den früheren Jahren größer geworden ist; auch die Verzinsungsrate hat eine Steigerung erfahren. Die Verzinsungsraten sind errechnet nach dem Verhältnis der aufgewendeten Anleihemittel, unter Berücksichtigung des jeweiligen Anleiheschuldenstandes. Wie ersichtlich, belasten diese vorstehenden Rechnungen ganz besonders.

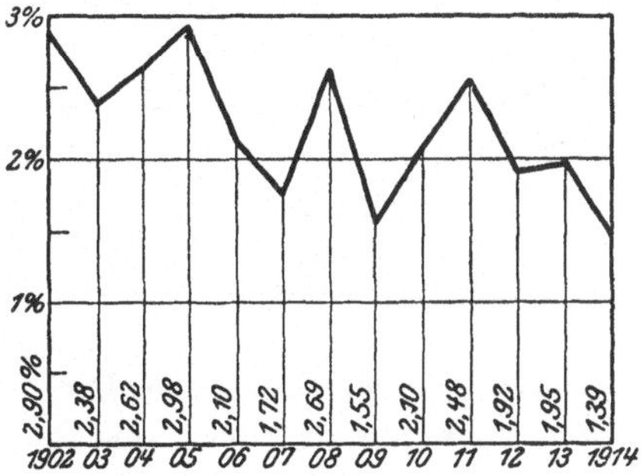

Setzt man die ermittelten Unterdeckungen in Beziehung zum gesamten investierten Kapital, z. B.

bis 1905 . . . . 59,75 Mill. M.
„ 1908 . . . . 64,60 „ „
„ 1914 . . . . 78,00 „ „
(S. Verwaltungsberichte, Tab. 5)

dann erhält man Prozentziffern, aus welchen zu erkennen ist, in wieviel Jahren das investierte Kapital an laufenden Ausgaben einmal verbraucht wird; also für 1905 2,98%, 1908 2,69%, 1914 1,39%.

Abb. 2.

Bei der Beurteilung dieser Ergebnisse darf außer der Tatsache, daß rund 100 Millionen cbm Abwasser jährlich auf diesen Feldern gereinigt werden, nicht vergessen werden, daß viele Ländereien in der Umgebung von Berlin durch den Rieselbetrieb erst kultiviert worden sind, welcher Umstand auch volkswirtschaftlich von Bedeutung ist.

Die nach obiger Art für die Jahre 1902—1914 ermittelten Werte ergeben das Schaubild Abb. 2.

Es interessiert nunmehr festzustellen, wie die Verhältnisse sich heute gestalten. Vorweg sei bemerkt, daß eine genaue Rechnung für Groß-Berlin wegen der teilweise sehr verwickelten noch schwebenden Fragen der Aufwertung nicht gegeben werden kann.

Bei den Alt-Berliner Rieselfeldern trat ein unvorhergesehenes Moment ein, das die Aufwand- und Ertragsrechnung heute bedeutend günstiger erscheinen läßt. Es war dies die Inflation. Im Jahre 1923 konnte die damals noch auf den Alt-Berliner Rieselfeldern lastende Anleiheschuld von annähernd 55 Millionen Mark durch Verkauf von Ländereien zurückbezahlt werden. Der Aufwertungsbetrag — wenn hier ein Anteil von

25% in Ansatz gebracht wird — beläuft sich jetzt auf ungefähr 14 Millionen Mark. Dadurch behält der in der Vorkriegszeit die Rechnung in ungünstigem Sinne beeinflussende Faktor der hohen Verzinsungsrate nur einen Bruchteil seines früheren Wertes.

Bei obiger Betrachtung darf nicht außer acht gelassen werden, daß die Inflation nur privatwirtschaftlich, also in diesem Falle vom Standpunkt der Stadtgüter-G. m. b. H. die Aufwand- und Ertragsrechnung günstiger gestaltet. Gemeinwirtschaftlich stehen die Verluste der Anleihebesitzer auf der anderen Seite.

Die Stadtgüter-G. m. b. H. weist in ihrem Geschäftsbericht 1924/25 einen Reingewinn von 1 131 225 RM. aus. Die Aufwand- und Ertragsrechnung für das betrachtete Jahr wird erst vollständig, wenn dieser Summe die Ausgaben der Stadtentwässerung für die Rieselfelder gegenübergestellt werden.

Die einzelnen darauf bezüglichen Posten des Etats der Stadtentwässerung seien hier angeführt:

Sächliche Kosten der Rieselfelder . . .	400 000 M.
Löhne	392 000 M.
Gehälter	222 000 M.
	1 114 000 M.

Wir erkennen aus dieser Gegenüberstellung die außerordentlich wertvolle Tatsache, daß der große Reinigungsprozeß keine Betriebszuschüsse erfordert, und daß sich Einnahmen und Ausgaben, abgesehen vom Zinsendienst, annähernd die Wage halten.

Der auf Seite 53 genannte Reingewinn von 1 131 225 M. soll einer näheren Betrachtung unterzogen werden.

Der Geschäftsbericht der Stadtgüter-G. m. b. H.

Aus dem Geschäftsbericht der Berliner Stadtgüter-G. m. b. H. des Jahres 1924/25 ist zu ersehen, daß außer dem Hauptbetrieb, der Landwirtschaft, auch Nebenbetriebe vorhanden sind, die ihre eigenen Abrechnungen haben.

Während die Güter laut Bericht einen Reingewinn von 1 146 229,78 M. erzielt haben, beträgt nach der Bilanz der Reingewinn der Gesellschaft ausschließlich der sog. Nebenbetriebe 1 131 224,97 M. Dieses Ergebnis läßt also die allgemeine Feststellung zu, daß die sog. Nebenbetriebe zum Teil unrentabel sind.

Als unrentabel erscheinen:

1. das Sägewerk mit 84 753,53 M. Verlust,

2. der Holzbearbeitungsbetrieb mit 44 463,14 M. Verlust.

Die Nebenbetriebe mit Reingewinn sind:

1. die Fleischwerke mit 107 894,89 M.,

2. der Milchwirtschaftsbetrieb mit 3668,09 M.

Die Ursache der Unrentabilität der beiden erstgenannten Betriebe wird im Geschäftsbericht wie folgt angegeben: „Es muß hervorgehoben werden, daß die städtischen Verwaltungen, welche Bauten ausführen und Bedarf an Bauhölzern, Schnittwaren usw. haben, sowohl unserem Sägewerk als auch unserem Holzbearbeitungsbetrieb gegenüber zu wenig Interesse zeigen." Der Grund dieser Interessenlosigkeit wird leider nicht angegeben. Zweifellos ist derselbe in der Erfahrungstatsache zu suchen, daß der Holzbetrieb in eigener Regie zu teuer ist. Die Preise des städtischen Betriebes liegen bei öffentlichen Ausschreibungen 20—30% höher als die scharf errechneten der privaten Konkurrenz. Zudem ist m. E. die Notwendigkeit eines modern eingerichteten Sägewerkes und Holzbearbeitungsbetriebes in der Riesellandwirtschaft schlechthin zu verneinen. Über die Verteilung des Reingewinnes der Stadtgüter-G. m. b. H. 1924/25 erfahren wir aus dem Geschäftsbericht folgendes:

1. Zur Erhöhung des Stammkapitals . . . . 230 000,— M.
2. Ausschüttung des Gewinnes
    a) durch Barablieferung . . . . 855 000,— M.
    b) durch Anrechnung der von der Güterverwaltung ausgeführten Neubauten, sowie der
       verauslagten Gelder für Ankauf von Land 33 795,— M. 888 795,— M.
3. Gewinn-Vortrag . . . . 12 429,97 M.

                                                  1 131 224,97 M.

4. Die Zusammenfassung und Vereinfachung in den zentral-geleiteten Betrieben.

A. Maschinenbetrieb.

Folgende Maßnahmen sind getroffen worden:

1. Zusammenlegung der nahe beieinander liegenden Pumpwerke Steglitz, Lankwitz und Lichterfelde unter Stillegung der Pumpwerke Lankwitz und Lichterfelde. Ferner wurden zusammengelegt die Pumpwerke Waidmannslust und Hermsdorf unter Stillegung des Pumpwerkes Hermsdorf; Niederschönhausen und Pankow unter Stillegung des Pumpwerkes Pankow.

Dadurch waren laufende Ersparnisse an Personal und Betriebskosten zu erwarten, außerdem wurden die maschinellen Einrichtungen der stillgelegten Pumpwerke für Ergänzungen und Erweiterungen auf anderen Pumpwerken verfügbar.

2. Anschluß der Pumpwerke Weißensee, Heinersdorf, Hohenschönhausen I und II an die Alt-Berliner Druckrohre 4 und 5, wodurch die Förderstrecke für die Abwässer bedeutend kürzer und die Betriebskosten erheblich herabgesetzt wurden.

3. Umbau der Abwasserkläranlagen Tegel in ein normales Pumpwerk unter Verwendung der erwähnten freiwerdenden Maschinen des Lankwitzer Pumpwerkes und durch Anschluß an das Reinickendorfer und das Alt-Berliner Druckrohr 8/9.

Erweiterung des Pumpwerkes Reinickendorf Klixstraße und des Pumpwerkes Niederschönweide durch Einbau der Maschinen des seinerzeit stillgelegten Pumpwerkes Grunewald.

Die praktische Auswirkung der durch diese Maßnahmen erzielten Ersparnisse kann in vollem Umfange noch nicht übersehen werden, da diese Arbeiten auch heute noch nicht abgeschlossen sind. Zweifelsohne liegen hier die größten Ersparnisse an Betriebskosten.

B. Stillegung von Rieselfeldern und Kläranlagen.

Die betriebstechnischen Veränderungen erfolgten nach dem Gesichtspunkte der Verminderung der Förderkosten für die Abwassermengen und des Sparens an Löhnen für das Betriebspersonal. Deshalb schritt man zur Stillegung von ungünstig liegenden Rieselfeldern.

Gerade hier zeigt sich ganz deutlich, welchen Vorzug die Zentralisation gegenüber dem früheren Zustand aufzuweisen hat.

Für jede Gemeinde war für das fragliche Arbeitsgebiet ein besonderer Verwaltungsapparat notwendig und auch vorhanden. So waren z. B. bei sämtlichen früheren Gemeinden Groß-Berlins mit der Erledigung der Geschäfte ihrer Rieselfelder vor der Zentralisierung der Rieselfelder allein an technischen Kräften im ganzen 59 Personen beschäftigt, während diese Arbeit einschließlich der Verwaltungsgeschäfte heute mit einem Gesamtpersonalbestand von 36 bewältigt wird.

Ich will nunmehr die einzelnen Maßnahmen auf diesem Gebiete einschließlich der mit den Kläranlagen zusammenhängenden Fragen einer kritischen Behandlung unterziehen, soweit letztere wegen des öffentlichen Charakters des behandelten Unternehmens überhaupt angängig ist.

Stillgelegt sind die Rieselfelder:

Werben, Buchholz und Birkholz (Lichterfelde-Buchholz-Weißensee), ferner die Kläranlagen Tegel und Stahnsdorf.

Werben.

Die Förderung der Abwässer geschah durch eine 400 mm weite gußeiserne Druckrohrleitung von 22 km Länge. Da der Pumpbetrieb auf die große Entfernung viel zu teuer war und außerdem für Ergänzung und Erneuerung der Pumpmaschinen in Lichterfelde eine größere Summe erforderlich gewesen wäre, kam man zu dem Entschluß, die Abwässer nach dem bedeutend näher gelegenen, noch sehr aufnahmefähigen Alt-Berliner Rieselfeld Sputendorf zu leiten.

Rieselfeld Buchholz.

Es war überlastet und hatte überdies eine so ungünstige Lage, daß sich auf den Ländereien der Anlieger Durchfeuchtungen zeigten, die zu Prozessen gegen die Gemeinde Buchholz führten.

Diese Maßnahme ist zu vertreten, insbesonders, wenn man noch in Betracht zieht, unter welch günstigen Umständen dieselbe abgewickelt werden konnte. Die Abwässer von Buchholz werden jetzt durch eine kurze neu hergestellte Verbindungsleitung von 300 mm Durchmesser in das Alt-Berliner Druckrohr R.S. XI gepumpt und durch letzteres dem unter sehr starken Wassermangel leidenden Rieselfeld Hobrechtsfelde zugeführt. Das zum Einbau genommene Rohrmaterial wurde vorhandenen Beständen entnommen, so daß außer den eigentlichen Baukosten, die gegenüber den an die Kläger zu zahlenden Entschädigungen geringfügig waren, keine besonderen Mittel benötigt wurden.

Rieselfeld Birkholz.

Die Gründe, die zur Stillegung des Rieselfeldes Birkholz führten, waren zweierlei Art.

Einmal war es seine zu hohe Lage, die an den Pumpbetrieb so hohe Anforderungen stellte, daß die Betriebskosten durch die landwirtschaftlichen Erträge nicht ausgeglichen wurden und dann aber auch die mangelhafte Beschaffenheit des Vorfluters, der den Ansprüchen einer geregelten Ableitung der Drainwässer nicht mehr genügte.

Die Abwässer von Weißensee-Hohenschönhausen werden jetzt durch eine neu hergestellte Kupplung in das Alt-Berliner Druckrohr R.S. IV gepumpt und dem Rieselfeld Malchow zugeführt.

Die Ausschaltung der weit und ungünstig gelegenen Rieselfelder zur Milderung der Pumpkosten läßt sich vertreten. Nur muß die dadurch entstehende Mehrbelastung der näherliegenden Rieselfelder von diesen getragen werden können, was für die nächsten Jahre unter Anwendung technisch hochwertiger Vorreinigungsverfahren zweifellos zu erreichen sein wird.

Kläranlage Tegel.

Die Stillegung ist erfolgt wegen des ungenügenden Kläreffekts der Anlage, das Weiterbestehen derselben hätte eine Verseuchung des Tegeler Sees herbeigeführt. Die Abwässer sind nunmehr an das Alt-Berliner Druckrohr R.S. VIII/IX angeschlossen.

Kläranlage Stahnsdorf.

Um die Methode der Abwasserreinigung in der neuen Stadtgemeinde Berlin zu vereinheitlichen, ist die Zentrale bestrebt gewesen, das Überrieselungsverfahren auch dort einzuführen, wo es bislang noch nicht vertreten war. Der Standpunkt, daß in der Nähe bewohnter Räume keine biologische Kläranlage stehen soll, ist durchaus gerechtfertigt. Im Falle Stahnsdorf kann dieser Punkt wegen der günstigen entlegenen Lage aber nicht in Betracht gezogen werden. Außerdem hatte die Behörde gegen die Arbeitsweise und den Kläreffekt, also gegen die technische Vollkommenheit der Anlage, nichts einzuwenden.

Wenn die zuständigen Stellen sich im Jahre 1923 dennoch entschlossen, die günstig arbeitende Anlage stillzulegen, so hat das seine Erklärung in den anormalen wirtschaftlichen Verhältnissen der Inflationszeit.

Die damals inflatorisch aufgeblähten Brennstoffkosten für die Berliner Pumpwerke konnten dadurch ermäßigt werden, daß der Schmelzkoks der Anlage Verwendung fand.

Die Abwassermenge von durchschnittlich 28 000 cbm täglich wird jetzt von dem Rieselfeld Gütergotz aufgenommen. Die heutigen Betriebskosten haben durch diese Maßnahmen eine Ermäßigung erfahren.

1. Durch den Wegfall fast sämtlicher Verwaltungskosten.

2. Durch die Ersparnis an Brennstoffkosten für den Maschinenbetrieb infolge der Verringerung der manometrischen Pumphöhe um 5,0 m.

Das Maschinenamt hat eine laufende Ersparnis zu 1—2 in Höhe von jährlich 30 000 M. angegeben. Den laufenden Ersparnissen von 30 000 M. stehen die einmaligen Kosten dieser Inflationsmaßnahme gegenüber, als da sind:

1. die Kosten des Abbruches,

2. der Ausbau der Vorfluter in Gütergotz wegen der Mehrbelastung der Rieselfelder um 28 000 cbm pro Tag,

3. die Mehrbelastung der Rieselflächen.

4. Es kommt zu diesen Kosten der technischen Umgestaltung der Aufwertungsbetrag von 25% der Anlageschuld von 9 Millionen Mark = 2,25 Millionen Mark.

Die beabsichtigte Stillegung der Kläranlage Köpenick.

Die Gründe, die für die Stillegung sprechen und diese von der Stadtentwässerung geplante Maßnahme berechtigt erscheinen lassen, liegen nicht so sehr auf dem betriebswirtschaftlichen, sondern auf dem hygienischen Gebiete.

Über die Mängel der Anlagen geben die Untersuchungen der Landesanstalt für Wasserhygiene Auskunft.

Im Gutachten vom 30. 6. 21 heißt es u. a.: „Die Untersuchungsergebnisse der in der üblichen Weise entnommenen Proben lassen erkennen, daß zwar die ungelösten Stoffe in befriedigender Weise durch die Behandlung des Abwassers in der Kläranlage zurückgehalten wurden, daß jedoch die Fäulnisfähigkeit dem Abwasser nicht völlig genommen wurde." Besonders in der Inflationszeit, wo die Betriebsstoffe im Preise verhältnismäßig hoch waren, konnte die Klärwirkung nicht befriedigend gestaltet werden. Darüber unterrichtet eine Stelle aus dem Gutachten derselben Anstalt vom 7. Juni 1923. „Das der Spree zufließende und geklärte Abwasser erwies sich jedoch immerhin noch als fäulnisfähig."

Die Beseitigung der Kläranlage Köpenick ist daher eine Forderung der Hygiene und ist somit erforderlich.

C. Zusammenfassung von Druckrohrleitungen.

Durch die Vereinigung von Druckrohren und Herstellung von Verbindungen zwischen denselben ließ sich sowohl eine Vereinfachung in der Wasserförderung als auch eine größere Aufnahmefähigkeit erreichen, so daß sogar einzelne Druckrohre entbehrlich geworden sind und somit durch Verwendung an anderer Stelle wesentliche Ersparnisse an den sonst erforderlichen Aufwendungen für neue Rohre erzielt werden; außerdem wird die Betriebssicherheit dadurch verbessert, daß in diesem Falle sich die einzelnen Stränge bei Druckrohrschäden besser aushelfen können. Es wurden die rund 30 km langen Druckrohrleitungen der stillgelegten Pumpwerke Weißensee und Lichterfelde verfügbar und andererseits der zwischen den Rieselfeldern Waßmannsdorf und Bodinsfelde liegende zweite, rund 8 km lange Druckrohrstrang für die Verwendung als Druckrohr für die neue Druckrohrpumpstation Köpenick dadurch gewonnen, daß das Schöneberger und die Neuköllner Druckrohre unter Anlage einer Zentralkläranlage auf dem Rieselfeld Waßmannsdorf zusammengeführt worden sind. Daselbst ist ein Zwischenpumpwerk zum Weiterbefördern eines Teiles, etwa 30%, der Abwässer nach Deutsch-Wusterhausen geplant, welches mit dem in der Kläranlage gewonnenen Methangas betrieben werden soll.

Der Bau der Zentralkläranlage Waßmannsdorf, welche noch nicht in Betrieb genommen ist, erfolgte noch aus den Erwägungen heraus:

1. eine zentrale Vorreinigung der Abwässer zu schaffen, die den Einbau und Betrieb der vielen Einzelvorreinigungsbecken überflüssig macht;

2. die Entlastung des Schöneberger Druckrohres und die Verminderung der Pumpkosten dadurch herbeizuführen, daß die Austrittsstelle des Abwassers auf der Kläranlage 12 m tiefer liegt als das Standrohr in Deutsch-Wusterhausen (Rieselfeld von Schöneberg);

3. den Sand- und Schlammabfall an einer Stelle zu erhalten und ihn auf Trockenplätzen für den Abtransport bequemer zu behandeln;

4. die Geruch- und Fliegenplage dadurch zu beseitigen, daß der Schlamm in besonderen geschlossenen Faulräumen ausfaulen kann; auch ist durch diesen Prozeß eine Verminderung des Schlammabfalles gewährleistet;

5. die Gewinnung von CH_4 (Methan) aus dem Faulprozeß, das als Betriebsstoff für Motore, ferner zur Verbesserung des Kohlengases der Neuköllner Gasversorgung dienen soll, zu ermöglichen.

Der wichtigste Punkt, von dem der Beschluß zum Bau der Kläranlage ausging, ist der, die Druckrohre zusammenzufassen, eine größere Abwassermenge als bisher auf den Rieselfeldern Klein-Ziethen und Waß-

mannsdorf zu belassen, um eine Verstärkung des Schöneberger Druckrohres nach Deutsch-Wusterhausen entbehrlich zu machen.

Eine genaue Untersuchung, ob die obigen angeführten Vorteile
gegenüber dem bestehenden Zustande beweiskräftig genug sind, um
die hohen Aufwendungen für den Bau dieser Einrichtung gerechtfertigt
erscheinen zu lassen, kann hier nicht erfolgen.

Als Vorbild dienten die Kläranlagen des Ruhrgebietes, die gute
Erfolge insbesondere bei der Gewinnung von Methan aufweisen. Es
wäre aber falsch, aus den dortigen günstigen Ergebnissen einschneidende
Schlüsse für unsere Berliner Verhältnisse ziehen zu wollen. Denn die
Abwässer des Industriegebietes kommen in frischem Zustande auf die
Kläranlage, während das Berliner Abwasser durch den langen zurück-
gelegten Weg angefault auf die Rieselfelder kommt. Es ist daher zu
bezweifeln, ob der unter 4. angeführte Vorteil in Zukunft eintreten wird.

Bezüglich der Schlammfrage ist zu sagen, daß hier anscheinend ein
neuer Weg insofern eingeschlagen werden soll, als der Schlamm nach
dem Vorbild des Ruhrgebietes entsprechend der Auffassung von
Imhoff in ausgefaultem Zustand auf die Trockenplätze kommen soll.

Die Anlage ist für eine 65prozentige Vorreinigung von maximal
100 000 cbm Abwasser eingerichtet, was in 50 Minuten eintritt. Sie
besteht aus einem Sandfang, zweistöckigen Absitz- und Faulbecken
und einem Sammelbrunnen. Die Klärbecken haben rechteckige Grund-
rißgestaltung nach dem amerikanischen Vorbild. Die Klärbeckenanlage
besteht aus drei nebeneinander längs zum Zufluß angeordneten Becken-
gruppen, die auf ihren Umfassungswänden die Zu- bzw. Ableitungs-
rinnen für das Abwasser tragen. Jede Beckengruppe ist sodann quer
zur Zuflußrichtung in drei Abteilungen untergeteilt, die wiederum aus
Absitz- und Faulräumen nach der Bauart zweier neben- und hinter-
einander geschalteter Emscherbrunnen bestehen. Die Eintrittsgeschwin-
digkeit v ist zu 9 mm pro Sek. berechnet.

Für die Ausfaulung, Gasgewinnung sowie Unterbringung des aus-
gefaulten Schlammes ist eine Aufenthaltsdauer von etwa 2 Monaten
gewählt. Der gesamte Ausfaulraum beträgt 12 600 cbm.

Um das Methan zu gewinnen, wurden in der zweistöckigen Absitz-
anlage die Abrutschfläche und der Wasserspiegel durch eine einfache
U-förmige Gasdecke verbunden, die zu beiden Seiten zu einer nach
Imhoff konstruierten Gashaube ansteigt so, daß an dem höchsten
Punkt die Haubenwände noch 30 cm unter normalem Wasserspiegel
liegen.

Nach der Klärung der Abwässer in der Anlage läuft das vorgereinigte
Abwasser in einen 5,5 m tiefen Sammelbrunnen von 10 m Durchmesser.
Von den Brunnen gehen ab die Saugeleitungen der Pumpen und die
Gefällsleitung nach den Rieselfeldern Waßmannsdorf und Klein-Ziethen.

Zu erwähnen sind noch die Schlammtrockenplätze, die am Fuße der Kläranlage errichtet worden sind. Für die Durchbildung der Plätze war maßgebend, daß die zu erwartende Schlammenge bei jährlich zwölfmaliger Füllung aller Plätze untergebracht werden kann.

Die Ausführung der Anlage erfolgte in Beton und Eisenbetonkonstruktion mit Zusatz von Traß.

D. Die Zentralisation der Vorflutfragen.

Der Lauf der meisten Vorfluter erstreckt sich über mehrere Bezirke. Vorflut sowie Rechtsfragen können jedoch nur nach einheitlichen Gesichtspunkten behandelt werden, ebenso zeugt von dem erheblichen Vorteil der Zentralisation der Rieselfelder die neuerdings getroffene Einrichtung, das Abwasser, für das im Winter eine landwirtschaftliche Verwendung nicht vorhanden ist, auf nahe gelegene Rieselflächen zu leiten, um Ersparnisse an Förderkosten beim Pumpbetrieb zu erzielen. Diese Maßnahme wäre bei einer Dezentralisation undurchführbar gewesen.

V. Kritische Betrachtungen.

1. Über die Frage Zentralisierung oder Dezentralisierung der Groß-Berliner Stadtentwässerung.

Bei der Umstellung auf die vom Gesetz geschaffene Einheitsgemeinde war in erster Linie die Frage zu prüfen, ob es nicht zweckmäßig sei, die gesamte Verwaltung der Stadtentwässerung einer einzigen zentralen Dienststelle zu überweisen, oder ob es sich ermöglichen ließe, sie auf die 20 neuen Verwaltungsbezirke zu verteilen. Der Gedanke der Zentralisierung wurde in Alt-Berlin vertreten, während die Mehrzahl der Bezirksstadtbauräte für eine Verteilung der Verwaltung auf die Bezirke waren. Insbesondere war es der verstorbene Stadtbaurat von Charlottenburg, Dr.-Ing. Bredtschneider, der durch seine Stellungnahme gegen die Zentralisation Gesichtspunkte entwickelte, die in weitesten Fachkreisen beachtet wurden. Seine Auffassung deckte sich mit dem Inhalt des Gutachtens der „Vereinigung der Stadtbauräte und technischen Dezernenten in den Verwaltungsbezirken über die Umgestaltung der Tiefbauverwaltung Berlins". Zur Begründung seiner Anschauung führte Bredtschneider[1] im wesentlichen an:

1. Die Anlagen in den einzelnen Vororten und in Berlin sind sowohl in der Anordnung des Kanalnetzes als auch in der Art der Abwasserreinigung verschieden gestaltet.

---

[1] In Nr. 41 der „Wochenschrift des Architektenvereins zu Berlin".

2. Die Kanalisationswerke sind im Gegensatz zu den Gas-, Wasser- und Elektrizitätswerken, bei denen eine zentrale Verwaltung sehr wohl in Erwägung gezogen werden kann, keine gewerblichen, sondern Wohlfahrtsanlagen und weichen auch hinsichtlich der einheitlichen Durchbildung von den Gas-, Wasser- und Elektrizitätswerken ab.

3. Bau und Betrieb von Kanalisationswerken ist ein Zweig des Tiefbauwesens und sollte daher in den städtischen Verwaltungen von diesen nicht getrennt werden. Es gibt mit Ausnahme von Berlin (gemeint ist der frühere Zustand) in Deutschland nur wenige Städte, in denen die Kanalisation nicht von dem Stadtbaurat für Tiefbau verwaltet wird. Da überdies der Gedanke, die übrigen Zweige des Tiefbauwesens zentral zu verwalten, nicht aufgetaucht ist, so kann auch die Kanalisation zweckmäßigerweise nicht zentral verwaltet werden. Denn das Tiefbauwesen läuft Gefahr, zersplittert zu werden, wenn der eine Teil zentral und der andere nicht zentral verwaltet wird.

4. Die Kanalisation im alten Berlin, also in den Bezirksämtern 1 bis 6, bildet zwar ein einheitliches Ganzes und die Grenzen der Berliner Radialsysteme fallen mit den Grenzen der Bezirksämter nicht zusammen; dies ist jedoch kein Grund, die in diesen Bezirksämtern bestehende einheitliche Verwaltung auch auf die Vororte auszudehnen, zumal es auch im alten Berlin in den meisten Fällen möglich sein wird, den einzelnen Bezirksämtern diejenigen Kanalisationsbezirke zuzuweisen, die wenigstens zum größten Teil in ihrem Verwaltungsbezirke liegen.

Zu Punkt 1. Dieser Einwand verliert seine Überzeugungskraft, wenn man ihm statistisches Material entgegensetzt.

Von den 46 kanalisierten Stadt- und Landgemeinden Groß-Berlins werden nämlich 38 nach dem Trennsystem, 4 nach dem Mischsystem und 4 zum Teil nach dem einen, zum Teil nach dem anderen System entwässert. Da die Kernstadt Berlin und einige größere Vorstädte Mischkanalisation besitzen, werden die nach dem Mischsystem entwässerten Flächen den nach dem Trennsystem entwässerten etwa die Wage halten. Das Beispiel von Wilmersdorf, welches beide Systeme besitzt, zeigt, daß es technisch keine Schwierigkeiten bietet, beide nebeneinander zu betreiben. Die Vorteile einer Zentralisation auch des Kanalbetriebes würden aber sehr bald beim Aufstellen des Reinigungsplanes, bei der Verteilung der Materialien und in der Verringerung des Betriebspersonals zu erkennen sein.

Hinsichtlich der Abwasserreinigung überwiegt bei weitem das Rieselverfahren. Im Verwaltungsbezirk 20 war zur gleichen Zeit Rieselei, biologische Klärung und Kohlenbreiverfahren, in den Verwaltungsbezirken 9 und 10 Rieselei und biologische Klärung nebeneinander vertreten.

Durch die Angliederung der Kanalisation an die Tiefbauverwaltung der Bezirke wird somit die erstrebte Zusammenfassung technisch gleichartig ausgestalteter Kanalisationswerke einzelner Gemeinden nicht erreicht.

Zu Punkt 2 und 3. Der Einwand, daß die Gas-, Wasser- und Elektrizitätswerke gewerbliche, auf Gewinn gerichtete Unternehmungen, die Kanalisationswerke dagegen reine Wohlfahrtsunternehmungen seien, die keine Überschüsse abwerfen würden, ist in der Frage der zweckmäßigsten Organisation der Stadtentwässerung nicht stichhaltig.

Die von Bredtschneider nicht näher angeführte Verschiedenheit des Zweckes der Betriebe hat wohl Einfluß — wie wir später erkennen werden — auf die zu wählende rechtliche Form des Unternehmens, dagegen ist sie unabhängig von der Verwaltungsgliederung des einzelnen Betriebes.

So gesehen, ist die Frage „Zentralisierung oder Dezentralisierung der Groß-Berliner Stadtentwässerung" eine innere Angelegenheit des als einheitliches Ganzes betrachteten Kanalisationswerkes.

Dr. Bredtschneider verneint allerdings im obigen Punkt 3 seiner Ausführungen die Möglichkeit der Schaffung eines einheitlichen Kanalisationswerkes. Seine Beweisführung stützt sich auf die Tatsache, daß in jedem Verwaltungsbezirk ein Tiefbauamt besteht, und, weil die Kanalisation ein Zweig des Tiefbaues ist, diese auch verwaltungsmäßig in die einzelnen Bezirke gehört. Es wird hier übersehen, daß die Entwässerungsanlagen mit ihren Leitungsnetzen, Pumpwerken, Druckrohren und Rieselfeldern einen einheitlichen Betrieb darstellen, der nur dann am rationellsten arbeiten kann, wenn seine Verwaltungsgliederung ebenfalls einheitlich, einfach und übersichtlich erfolgt. Während z. B. beim Straßenbau es sich sehr wohl vertreten läßt, eine dezentrale Verwaltung bestehen zu lassen, weil hier für den Bau Bezirksgrenzen ohne weiteres maßgebend sein können, ist dies bei der Kanalisation nicht der Fall. Entwässerungstechnisch können Bezirksgrenzen keine Berücksichtigung finden. Die begangenen Fehler der Vergangenheit in diesem Punkte fordern nicht zur Wiederholung auf. Wie es früher in der Kernstadt war, so dürfen in Zukunft in der Einheitsgemeinde nur topographische und hydrologische Gesichtspunkte für die Entwässerungsfragen entscheidend sein. Hierzu ein Beispiel: Die Neukanalisation des Ortsteils Hasenheide im Verwaltungsbezirke Neukölln muß wegen der Vorflutverhältnisse an Alt-Berlin angeschlossen werden. Ähnliche Fälle finden sich auch in anderen Verwaltungsbezirken.

Die Zusammenfassung des Maschinenbetriebes und die Neuregelung der Druckrohr- und technischen Rieselfeldfragen ist in Punkt 4 des früheren Abschnittes gewürdigt worden. Die dort erzielten Vereinfachungen sprechen für die Schaffung eines einheitlichen Kanalisationswerkes.

Noch ein finanzielles Moment muß hierbei als Beweis angeführt werden. Die gesamte Stadtentwässerung hat einen zentralen Etat. Die Ausgaben der Stadtentwässerung werden im Sinne des Gesetzes über die Bildung einer neuen Stadtgemeinde Berlin auf Grund einer für die ganze Zeit gültigen Ortssatzung durch Entwässerungsgebühren gedeckt, und es ist daher zweckmäßig, von einer Stelle die Ausgaben genau zu kontrollieren, um jederzeit einen klaren Überblick über den Stand der Finanzen zu gewinnen.

Wenn aber die Zentrale den zuständigen Behörden verantwortlich ist für die Verteilung der Ausgaben auf die einzelnen Positionen, so müssen ihr auch Rechte eingeräumt werden, die auf der Grundlage der bezirksweisen Selbstverwaltung nicht erfüllt werden können. Durch letztere geht der Überblick über die finanzielle Lage der Stadtentwässerung verloren.

Zu Punkt 4. Besonders schwere Bedenken konnten von den Anhängern der Zentralisation erhoben werden gegen die Anschauung, wonach es auch in Alt-Berlin möglich sein sollte, den einzelnen Bezirksämtern diejenigen Kanalisationsbezirke zuzuweisen, die wenigstens zum größten Teil innerhalb ihres Verwaltungsbezirks liegen.

Leicht war darauf zu entgegnen, daß es geradezu unüberwindliche Schwierigkeiten bereitet hätte, eine Umstellung der sehr zweckmäßig organisierten Kernstadtverwaltung auf die sechs neuen Betriebe vorzunehmen.

Als Ergebnis des Obigen tritt der Gedanke des einheitlichen Kanalisationswerkes in der Einheitsgemeinde hervor. Diese Feststellung bedingt eine Zusammenfassung des Betriebes.

Für die Zentralisation sprechen:

1. Betriebstechnische Vereinfachungen und Ersparnisse.

2. Finanzielle Gesichtspunkte.

Auch aus dem Gesetz ergibt sich die Möglichkeit, ein Kanalisationswerk zu schaffen. Im Sinne des § 56 der Städteordnung vom 30. 5. 1853 und des Titels II des Kommunalabgabengesetzes vom 14. 7. 1893 stellt die Stadtentwässerung eine einheitliche Gemeindeveranstaltung dar, deren finanzielle Grundlage Gebühren und Beiträge bilden und die ihre Geschäfte finanziell unabhängig von anderen Verwaltungszweigen so zu führen hat, daß sich Einnahmen und Ausgaben decken.

Berücksichtigt man das zu der Frage des einheitlichen Kanalisationswerkes und der Zentralisation Gesagte, so konnte Herr Oberbaurat Langbein mit Recht in Nr. 46 der „Wochenschrift des Architektenvereins" ausführen: „Die Berliner Kanalisationswerke stellen eine bauliche und wirtschaftliche Einheit dar, die nur als geschlossenes, groß angelegtes Unternehmen in zweckentsprechender Weise verwaltet werden kann."

In demselben Aufsatz weiter unten:

„Es ist viel bedenklicher, das Entwässerungswesen nur deshalb den Bezirken anzugliedern, weil alle anderen Zweige des Tiefbauwesens

bezirksweise verwaltet werden können, als den einen Teil des Tiefbauwesens zentral und den anderen nicht zentral zu verwalten, zumal da
eine derartige Lösung der Natur der Sache entspricht."

2. Kritik am heutigen Organisationszustand.

Der Werkgedanke, angewandt auf die Groß-Berliner Kanalisation,
begründete im vorigen Abschnitt in allgemeiner Form die Notwendigkeit
der Zentralisation dieses Betriebes. Bei den weiteren Erörterungen muß
man sich über das Wesen dieses als Einheit anerkannten großen Betriebes
klar sein. Wir kommen hier zum Begriff des Wohlfahrtsunternehmens.

Nach dem Gewerbesteuergesetz vom 24. Juni 1891, GwSG. S. 205,
gehören zu den steuerfreien Unternehmungen sogenannte Wohltätigkeitsanstalten und neben anderen die Kanalisationswerke[1]. Gemäß der
Entscheidung des Verwaltungsgerichtes, Ergänzungsband 6384, gehört
zu den allgemeinen Kriterien des Gewerbebetriebes eine „fortgesetzte,
mit Absicht auf Gewinnerzielung unternommene selbständige und
erlaubte Arbeitstätigkeit". „Allein der Gewinnzweck ist das Kriterium der Gewerblichkeit eines Unternehmens; nicht entscheidend ist
dagegen das objektive Ergebnis von Überschüssen von sich allein."
§ 4 des Kommunalabgabe-Gesetzes bestimmt, „daß die Gemeinden für
die Benutzung der im öffentlichen Interesse unterhaltenen Veranstaltungen besondere Vergütungen, Gebühren, erheben können". Die
Höhe der Gebühren wird allein durch die aufzuwendenden Selbstkosten
bedingt.

Unter den Begriff „im öffentlichen Interesse unterhaltene Veranstaltungen" fallen gemäß § 4 Anm. 9[2] nur solche Veranstaltungen, die
dem Gemeinwohl dienen und deren Benutzung kraft öffentlichen Rechts
freigegeben ist. Als derartige Veranstaltungen gelten nie solche, die
nur im Interesse der Gemeindeverwaltung eingerichtet sind, mag auch
ihre Mitbenutzung dem einen oder anderen gestattet sein. Sofern für
die Gemeindeangehörigen — wie in unserem Falle — ein Zwang zur
Benutzung einer Veranstaltung besteht, fällt das Gewinnkriterium, weil
die Gemeinde hinsichtlich der Festsetzung des Preises für ihre Waren
bzw. Leistungen nicht mehr frei und unabhängig ist[3]. Am Anschlußzwang, wie dieser im § 1 der Polizeiverordnung vom 26. 10. 1910/23. 3. 1921[4]

---

[1] Vgl. Nöll-Freund: Kommunalabgabengesetz, VIII. Aufl., § 28, S. 148/149.
Berlin 1919,

[2] Nöll-Freund: S. 20. 1919,

[3] Vgl. Nöll-Freund: § 3, S. 13, Anm. 2. 1919.

[4] Polizeiverordnung über Herstellung und Betrieb von Grundstückentwässerungen und Verhütung und Verunreinigung der Reinwasserleitungen.

§ 1. Sobald an anbaufähigen Straßen, Plätzen und Wegen öffentliche Entwässerungsanlagen betriebsfertig hergestellt sind, müssen die anliegenden bebauten Grundstücke an diese angeschlossen werden.

ausgedrückt ist, muß das Kanalisationswerk unter allen Umständen festhalten. Die Folgen einer anderen Regelung dieses Punktes würden allein in hygienischer Beziehung unabsehbar sein. Hierin unterscheidet sich das Kanalisationswerk als öffentlich-rechtliche Wohlfahrtsanstalt von den gewerblichen Unternehmungen der Gas-, Wasser- und Elektrizitätswerke. Damit soll gesagt sein, daß ein Gewinnzweck für das Kanalisationswerk nicht in Frage kommt. Die betriebswirtschaftliche Hauptaufgabe besteht darin, die personellen und sächlichen Kosten auf das geringste Maß herabzudrücken, ohne die technischen und hygienischen Arbeiten zu vernachlässigen.

Ihre Aufgabe als Werk- und Wohlfahrtsunternehmen kann die Kanalisation aber nur erfüllen, wenn sie möglichst beweglich organisiert wird und in ihrem Betrieb Arbeitsmethoden einführt, die in kaufmännischen Betrieben üblich sind. Die Beweglichkeit der Verwaltungsgliederung steht mit dem öffentlich-rechtlichen Aufbau nicht in Widerspruch. Sie müßte sich äußern

1. in der Selbständigkeit der Finanzen,
2. in der Einheitlichkeit und Unabhängigkeit von anderen Faktoren.

Zu Punkt 1. Die Kanalisation ist durchaus kein Zuschußbetrieb. Der Anteil der Stadt Berlin an den Ausgaben des Gesamtetats beträgt 5%. Dies ist lediglich als Gegenleistung für die Entwässerung der öffentlichen Straßen und Plätze aufzufassen. Im übrigen ist die finanzielle Unabhängigkeit des Betriebes durch die laufenden Einnahmen gewährleistet.

Um so störender muß es empfunden werden, daß durch die heutige kameralistische Auffassung eine Starrheit der einzelnen Geldposten bedingt ist, wie weiter unten an einem Beispiel gezeigt werden soll.

Für die Bearbeitung und Genehmigung der Haushaltspläne und etwa eintretender Überschreitungen für die zentral geleiteten Pumpwerke und Rieselfelder kommen zur Zeit 4 Stellen in Frage, nämlich

1. der Direktor der Stadtentwässerung,
2. die Tiefbaudeputation,
3. der Magistrat,
4. die Stadtverordnetenversammlung.

Es ist dies schon eine Instanz mehr als in kaufmännischen Betrieben, wo an Finanzoperationen, die einen bestimmten Betrag übersteigen, lediglich

1. der Vorstand,
2. der Aufsichtsrat und gegebenenfalls
3. die Generalversammlung beteiligt sind.

Für Haushalts- und Finanzmaßnahmen, welche sich auf den Bau und Betrieb des Leitungsnetzes der Außenbezirke erstrecken, sind aber zur Zeit noch 4 weitere Instanzen erforderlich, nämlich

1. die Entwässerungsabteilung des Bezirksbauamtes,
2. die Bezirksdeputation,
3. das Bezirksamt und gegebenenfalls
4. die Bezirksversammlung.

Es ist ersichtlich, daß hierdurch eine verhängnisvolle Verzögerung aller wichtigen Genehmigungen hervorgerufen wird. Zudem stellt das heute übliche Verfahren eine unproduktive Arbeit dar, die den Betrieb unnütz erschwert und verteuert. Durch die heutige Überorganisation entstehen nicht nur Leerlaufarbeiten in der Verwaltung und Mehrkosten an Gehältern, sondern vor allen Dingen auch finanzielle Nachteile im Haushaltplan, wie aus folgendem hervorgeht: Es kann vorkommen, daß ein größerer Bau, der z. B. 4 Millionen Mark kosten möge, aus technischen Gründen zurückgestellt wird, um einen anderen dringenden für z. B. 3,5 Millionen Mark auszuführen. Nach dem heutigen Verfahren des Genehmigungszwanges und der Abhängigkeit von der Kämmereiverwaltung muß der Geschäftsgang der folgende sein:

Nachdem die oben angegebenen Instanzen sich über die Richtigkeit der angeführten Kosten überzeugt haben, bewilligt die Kämmereiverwaltung die 4 Millionen Mark. Diese Summe liegt nunmehr in Reserve für diesen einen bestimmten Bau. Tritt der oben erwähnte Fall ein, daß dieser Bau zugunsten eines anderen zurückgestellt wird, so muß die Stadtentwässerung bei denselben Instanzen beantragen, den bewilligten Posten zu streichen und dafür den dringenderen in Höhe von z. B. 3,5 Millionen Mark zu bewilligen. Nunmehr können zwei Fälle eintreten:

1. die Instanzen erteilen dazu die Genehmigung,
2. die Instanzen erteilen die Genehmigung zur Streichung nicht, bewilligen aber die Baukostensumme von 3,5 Millionen Mark für den zweiten Bau.

Im ersten Fall wird unnütze Mehrarbeit in der Verwaltung geleistet, da der gestrichene Bau von 4 Millionen Mark, falls er wieder spruchreif wird, nochmals denselben Weg der Genehmigung durchlaufen muß wie zuerst, und auch von neuem besprochen sowie auf seine Notwendigkeit und Preiswürdigkeit von allen Instanzen neu untersucht wird.

Im zweiten Falle sind die obigen Nachteile nicht vorhanden, dafür um so schwerer wiegende finanzielle, und zwar auf Kosten der Beitragspflichtigen.

Die neue Bausumme muß in diesem Fall von den Entwässerungsgebühren aufgebracht werden, welche somit einer Erhöhung unterlägen, obwohl die ersten 4 Millionen Mark noch nicht zur Verausgabung gelangen.

In jedem Fall ist also die Starrheit des Systems von Übel. Wenn vom Kanalisationswerk mit Recht rationelle Geschäftsführung verlangt wird, so muß es sich auch frei und unabhängig vom Bürokratismus entfalten können.

Dies kann aber nur geschehen, wenn die Loslösung von der Kämmereiverwaltung erfolgt und der Genehmigungszwang fällt.

Zu Punkt 2. Hier muß nach dem heutigen Organisationszustande als störend empfunden werden:

1. die Abhängigkeit des Bau- und Kanalbetriebes von den Bezirksämtern,

2. die vollkommene Absonderung der landwirtschaftlichen Nutzung der Rieselfelder von der Stadtentwässerung.

Erstere läuft dem Gedanken eines einheitlichen Kanalisationswerkes zuwider. Außer den an anderer Stelle erwähnten Schwierigkeiten bei Aufstellung des Gesamthaushaltes der Stadtentwässerung infolge dieser dezentralen Anordnung kommen noch hemmende Faktoren dazu, die auf dem Gebiete der Gebühren, und zwar der einmaligen Beiträge und Gebühren liegen (vgl. S. 26). Es kommt häufig vor, daß für einen gleichartigen Fall der Veranlagung entgegengesetzte Entscheidungen der vielen zuständigen Instanzen gefällt werden, sehr zum Nachteil des Ansehens und der Autorität der Stadtentwässerung. Wenn irgendwo, so muß gerade in der Veranlagung der Gebühren eine Zentralisation eintreten, die eine systematische Behandlung dieses verwickelten Gebietes verbürgt. Die zentrale Behandlung hätte nicht nur den Vorteil, daß einander widersprechende Entscheidungen ausgeschlossen wären, sondern noch eine Ermäßigung der beschäftigten Personenzahl von 30 auf 10 zur Folge, was bei Annahme eines durchschnittlichen Jahreseinkommens von 3000 M. pro Person eine Ersparnis von 60 000 M. bedeutet.

Als zweiter, die Einheitlichkeit des Kanalisationswerkes störender Faktor ist die Absonderung der landwirtschaftlichen Nutzung der Rieselfelder von der Organisation der Stadtentwässerung angeführt worden. Es wurde bereits auf Seite 35 dargelegt, daß die betriebliche Einheit der Rieselfelder nur denkbar ist als Bestandteil der Stadtentwässerung. Wenn also diese Einrichtung der Stadtentwässerung aus der landwirtschaftlichen Nutzung Erträge liefert, so sind diese in erster Linie für das Kanalisationswerk zu verwenden. Nur die Gegenüberstellung von Einnahmen und Ausgaben, wie sie als Beispiel auf Seite 50 angeführt sind, bringt ein richtiges Bild über den Aufwand und Ertrag des jeweiligen Betriebsjahres. Diese Verwendung des Erlöses aus der landwirtschaftlichen Nutzung im Betriebe des Kanalisationswerkes hätte zur Folge, daß die Entwässerungsgebühren ermäßigt werden könnten. Die Verminderung der Gesamtausgaben steht im Einklang mit der Auffassung über das Kanalisationswerk als Wohlfahrtsunternehmen (vgl. S. 63). Der heutige Zustand, wonach die Überschüsse des landwirtschaftlichen Betriebes direkt der Kämmereikasse zufließen, widerspricht den obigen Auffassungen.

Der heutige Zustand sei an einem Beispiel aus der Gegenwart kurz dargestellt. Die Abwässer der in Kürze erfolgenden Stillegung der Kläranlage Köpenick werden vom neu eingerichteten Rieselfeld Münchehofe übernommen. Die Stadtentwässerung trägt die Kosten für diese Neueinrichtung (Erwerb, Aptierung, Drainierung), muß aber nach Fertigstellung das Rieselfeld der Stadtgüter-G. m. b. H. abtreten.

Wir können den angeführten Fall verallgemeinern und sagen, daß nach dem heutigen Verfahren der Etat der Stadtentwässerung insofern besonders belastet ist, als die der Kämmereikasse zufließenden Beträge aus der landwirtschaftlichen Nutzung der Rieselfelder für Zwecke verwendet werden können, die sonst aus Steuern der Allgemeinheit gedeckt werden müßten.

Die betriebliche Einheit der Rieselfelder sowie die technische und finanzielle Zugehörigkeit der letzteren zur Stadtentwässerung als Tatsache vorausgesetzt, wollen wir weiter untersuchen, wie sich dann die Organisationsfrage gestaltet. Für die Rieselfeldbewirtschaftung gäbe es auch dann zwei Fälle, und zwar:

1. den Fall der Verpachtung,
2. den Fall der Selbstbewirtschaftung.

Im ersten Fall wäre der Unterschied gegenüber heute nur der, daß die Pachterträge nicht der Stadtgüter-G. m. b. H., sondern dem Kanalisationswerk zufließen würden.

Verwickelter liegen die Dinge beim Fall der Selbstbewirtschaftung. Hier erhebt sich die grundsätzliche Frage: Darf das Kanalisationswerk seine Tätigkeit auch auf den landwirtschaftlichen Rieselbetrieb ausdehnen? Praktisch unmöglich wäre dies beim Fortbestehen der Abhängigkeit von der kameralistischen Geschäftsführung. Der landwirtschaftliche Rieselbetrieb ist nur wirtschaftlich, wenn er sich in kaufmännischer Organisation entwickeln kann. Aus diesem Grunde ist der Schritt zu begrüßen, der den landwirtschaftlichen Rieselbetrieb von den Hemmungen des Genehmigungszwanges frei gemacht hat, und der die bürokratischen Arbeitsmethoden durch privatwirtschaftliche ersetzt.

Mußte aber diese richtige Erkenntnis zu einer völligen organisatorischen Trennung von der Stadtentwässerung führen? Wäre es nicht besser gewesen, denselben Gedanken des freien Disponierens, der für den landwirtschaftlichen Rieselbetrieb als richtig erkannt worden war, auch auf das Kanalisationswerk zu übertragen?

Eine teilweise zentrale, teilweise dezentrale Organisation der Stadtentwässerung mit ihrer völligen Abhängigkeit von der Kämmereiverwaltung kann in der Tat keinen landwirtschaftlichen Betrieb in sich aufnehmen. Der heutige Zustand der Trennung ist daher nur so zu erklären, daß wohl der landwirtschaftliche Rieselbetrieb den Erfordernissen der Zeit entsprechend sich kaufmännisch umgestalten konnte, daß dagegen die Stadtentwässerung in ihrer organisatorischen Entwicklung nicht Schritt zu halten vermochte. Ist eine organisatorische Trennung demgemäß auch formal begründet, solange die Stadtentwässerung der Kämmereiverwaltung unterstellt ist, so soll damit dem heutigen Zustande nicht das Wort geredet sein. Im Abschnitt „Stadtgüter-G. m. b. H. und ihr Verhältnis zur Stadtentwässerung" ist bereits auf die Erschwernisse für den Betrieb hingewiesen worden, die dadurch entstehen, daß die Stadtentwässerung keine durchgreifenden Befugnisse hinsichtlich der technischen Unterhaltung der Rieselanlagen besitzt. Und doch ist die gebührende Berücksichtigung der technischen Seite die Vorbedingung für eine einwandfreie Abwasserreinigung. Gerade dieser in seiner Bedeutung für die Lebensdauer der Rieselfelder nicht zu unterschätzende Punkt erfordert verwaltungstechnisch einen maßgeblichen Einfluß des Kanalisationswerkes auch gegenüber der landwirtschaftlichen Nutzung der Rieselfelder.

Eine enge organisatorische Verbindung wäre durchaus möglich und erschiene sogar wünschenswert. Für Berlin sind die Verhältnisse insofern verwickelt, als außer den Rieselfeldern noch Naturlandflächen, die mit der Berieselung gegenwärtig nichts zu tun haben und seinerzeit als Reserve angekauft worden sind, z. B. Lanke, bzw. Ländereien, die zu Rieselzwecken nicht mehr benutzt werden, die stillgelegten Rieselfelder Werben, Birkholz und Buchholz, vorhanden sind. Diese ganz besonderen Verhältnisse der Rieselfelder der Reichshauptstadt und andere im nächsten Abschnitt angegebene Gesichtspunkte lassen es zweckmäßig erscheinen, von einer völligen organisatorischen Verschmelzung auch dann Abstand zu nehmen, wenn es gelingen sollte, meinen Organisationsvorschlag in die Tat umzusetzen. In diesem Falle steht aber noch ein anderer Weg offen, der dem von mir vertretenen Prinzip der wirtschaftlichen Einheit entspricht und für die geschilderten Berliner Verhältnisse passend erscheint. Die Grundgedanken dieser neuen Lösung, sowie die Einzelheiten ihrer Durchführung sollen im nächsten Abschnitt, der die neue künftige Organisation des Kanalisationswerkes behandelt, angegeben werden.

3. Vorschlag zu einer Umorganisation der Berliner Stadtentwässerung.

Als Ergebnis der Erörterungen des vorigen Kapitels ist festzustellen, daß der reine Kämmereibetrieb für das Kanalisationswerk der Einheitsgemeinde verworfen werden muß. Andererseits ist aber der Unterschied hervorgehoben worden — abgeleitet aus dem Anschlußzwang an die Leitungen — zwischen dem Kanalisationswerk und den Gas-, Wasser- und Elektrizitätswerken, der nicht ohne Wirkung auf die Wahl der äußeren Organisationsform bleiben kann. Das Festhalten am Anschlußzwang im Sinne des bereits erwähnten § 1 der Polizeiverordnung und des Ortsgesetzes vom 7. 6. 1924[1] ergibt für die Stadtentwässerung die Verpflichtung, den Anschluß jederzeit, auch im Falle des Zahlungsverzuges, zu gestatten; die städtischen gewerblichen Betriebe hingegen können, wie das Kammergericht neuerdings wieder ausgesprochen hat, bei Zahlungsverzug ihre Lieferungen ohne weiteres einstellen[2]. In bezug auf die Gebühreneinziehung hat — und das muß auch so bleiben — das Kanalisationswerk den einfachen Weg des Verwaltungsverfahrens, hervorgegangen aus dem öffentlichen Interesse am Bestehen der Kanalisation. Dieser Zustand würde sich sofort ändern, wenn sich das Kanalisationswerk, etwa nach Art der städtischen Betriebe, die äußere Form einer A.-G., G. m. b. H. oder Genossenschaft beiläge. Dadurch wäre eine juristische Person geschaffen, die im Widerspruch stände mit den für die Kanalisation unbedingt notwendigen Gesetzen betr. den Anschlußzwang und die Gebühreneinziehung (Kommunalabgabegesetz).

Diese gegen die Abänderung der äußeren Form sprechenden rechtlichen Gründe machen eine Untersuchung nach der wirtschaftlichen Seite hin überflüssig.

Als dritte Form soll nunmehr der „Kommunalbetrieb mit privatwirtschaftlichen Arbeitsmethoden und an sich selbständiger Geschäftsführung" für das Berliner Kanalisationswerk empfohlen werden. Die innere Organisation eines solchen Kanalisationswerkes bietet, wie wir weiter unten sehen werden, bedeutende Vereinfachung und Ersparnisse.

Entsprechend dem privatwirtschaftlichen Aufbau kommen hier folgende Instanzen in Frage:

1. die Generalversammlung,
2. der Aufsichtsrat,
3. der Vorstand des Werkes.

Die Rechte einer Generalversammlung müssen, da es sich um eine Gemeindeangelegenheit handelt, der Stadtverordnetenversammlung übertragen werden. Eine Ausschaltung oder Umgehung dieser Instanz ist nach § 35 der Städteordnung vom 30. 5. 1853 nicht zulässig. Es heißt in diesem Paragraph wörtlich: „Die Stadtverordnetenversammlung hat über alle Gemeindeangelegenheiten zu beschließen, soweit dieselben nicht ausschließlich dem Magistrat überwiesen sind."

Alle großen Angelegenheiten, z. B. die Bewilligung größerer Geldsummen für Neubauten, sollen ihrer Entscheidung vorbehalten sein.

---

[1] Vgl. Aufsatz von Immich, Preuß. Verw. Bl. Bd. 28.
[2] Vgl. Aufsatz von Dr. Heine: Gas- und Wasserfach 19. 3. 1927.

Ebenso sollen dort auch künftighin die Entwässerungsgebühren genehmigt werden. Der Stadtverordnetenversammlung wird alljährlich der Geschäftsbericht des Kanalisationswerkes zur Beschlußfassung vorgelegt. Abweichend von dem heute üblichen Verfahren, würde also die Stadtverordnetenversammlung nur einmal im Jahr zu den Kanalisationsfragen der Stadt Stellung nehmen brauchen. Zum Unterschiede von den als A.-G. ausgebildeten Wasserwerken, bei welchen die Generalversammlung aus Vertretern des Magistrats und der Stadtverordnetenversammlung, also einem sog. gemischten Gremium sich zusammensetzt, soll mit jener Lösung betont werden, daß die Bürgerschaft nach wie vor das letzte, entscheidende Wort mitzusprechen hat.

Alle anderen Beschlüsse technischer und finanzieller Art werden vom Vorstand des Kanalisationswerkes in Verbindung mit der Tiefbaudeputation, die als Aufsichtsrat zu betrachten ist, geregelt. Die Tiefbaudeputation kontrolliert die Arbeiten des Direktors des Kanalisationswerkes. Arbeiten, deren Baukosten eine bestimmte Höhe nicht überschreiten, unterliegen der freien Verfügung des Direktors, ebenso die zweckmäßige Einrichtung des Verwaltungsapparates.

Durch die angedeutete Konstruktion würden die beiden Instanzen,

1. Stadtverordnetenversammlung,
2. Tiefbaudeputation,

in gewisser Weise entlastet dadurch, daß der Leiter der Kanalisationswerke mehr Bewegungsfreiheit bekommt und sein Wirkungsbereich zum Nutzen des Ganzen erweitert wird. Das Kanalisationswerk, in dieser Art aufgebaut, ist gegenüber der Tiefbaudeputation verantwortlich für alle Maßnahmen, die es auf eigene Initiative unternimmt.

A. Die Stadtgüter-G. m. b. H.

Der neue Gesichtspunkt erfordert, wie bereits erwähnt, eine organisatorische Umstellung bei der Stadtgüter-G. m. b. H. Obwohl eine Zusammenfügung etwa in der Form einer landwirtschaftlichen Abteilung neben der jetzigen Rieselfeldbauabteilung, bei Einführung des von mir für erstrebenswert erachteten Verwaltungszustandes, an sich durchaus zu vertreten wäre, soll diese Lösung dennoch nicht zur Ausführung empfohlen werden. Wirtschaftliche Erwägungen der Reichshauptstadt lassen es vorteilhaft erscheinen, die Stadtgüter-G. m. b. H. weiter bestehen zu lassen, jedoch mit einschneidenden Veränderungen sowohl ihres Aufbaues als auch ihres Kompetenzbereiches. Allein das folgende Moment genügt zur Begründung der obigen Auffassung. Die äußere Form des Privatbetriebes der G. m. b. H. ermöglicht die Einstellung der Arbeiter nach dem Landarbeitertarif; im anderen Falle müßte der um etwa 25% höher liegende städtische Tarif gezahlt werden. Der

Posten „Löhne" macht aber, laut Geschäftsbericht 1924/25 40,7% sämtlicher Ausgaben der Gutsverwaltungen aus und betrug etwa 1 800 000 M.

Die Stadtgüter-G. m. b. H. tritt als Generalpächterin des gesamten Landbesitzes des Kanalisationswerkes auf. Jedes Jahr müssen 98% des Reingewinnes an die Kasse des Kanalisationswerkes abgeführt werden. Die Höhe der zu erreichenden Mindestquote der Überschüsse

Heutiger Aufbau.

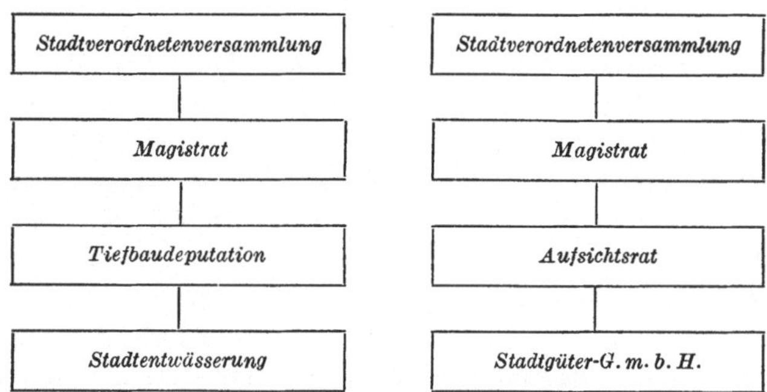

Geplanter zukünftiger Aufbau.

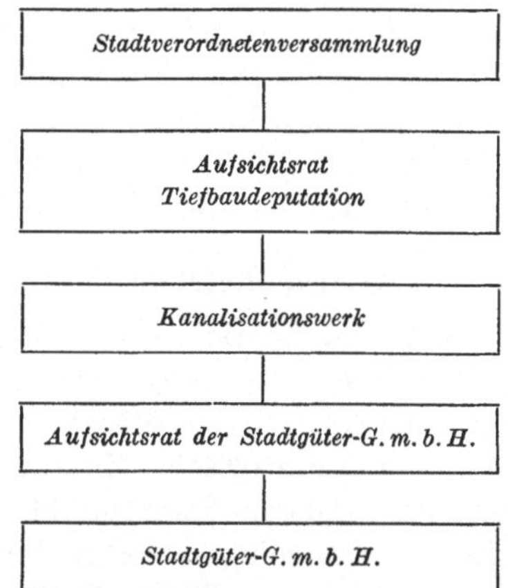

setzt der Aufsichtsrat fest; 2% werden als Betriebskapital zurückbehalten, doch soll dieser Satz nicht als starr betrachtet werden.

Organisatorisch von Wichtigkeit ist die Zusammensetzung des Aufsichtsrates. Es wäre zweckmäßig, den Aufsichtsrat von 14 auf 8 Personen zu ermäßigen und etwa folgende Zusammensetzung zu wählen:

1. der Direktor des Kanalisationswerkes,
2. der Gesellschafter, Stadtrat Wege,
3. Stadtkämmerer von Berlin,
4. Vorsteher der Rieselfeldabteilung des Kanalisationswerkes,

5. Leiter der Rieselfeldbauabteilung Nord,

6. Leiter der Rieselfeldbauabteilung Süd,

7. ein Landwirt von anerkannt wissenschaftlicher und praktischer Tätigkeit,

8. ein im Gemüsebau erfahrener Landwirt.

Durch die Zusammensetzung wären:

1. die technische Aufsicht des Kanalisationswerkes hergestellt,

2. außer den technischen noch die landwirtschaftlichen Belange vertreten,

3. die Interessen der Stadt Berlin hinreichend berücksichtigt.

Eine weitere bedeutende verwaltungstechnische Vereinfachung ist aus vorstehender Skizze zu erkennen.

Während heute in vielen Fällen doppelte Verwaltungsarbeit geleistet wird, kann durch den geplanten Zustand der Geschäftsgang einheitlicher geregelt und die Leerlaufarbeit in der Verwaltung vermieden werden. Für die praktische Durchführung der vorgeschlagenen Maßnahmen ist nur die Abänderung des Gesellschaftsvertrages erforderlich: Der Gesellschaftsvertrag muß abgeschlossen sein mit dem Kanalisationswerk der Stadt Berlin selbst. Dies gilt auch für die Pachtverträge. Insbesondere bedarf der § 19 einer Änderung insofern, als künftighin die gesamten Erträge nicht der Stadt Berlin, sondern dem Kanalisationswerk zufließen sollen. Alle diese angeführten Änderungen müßten von der Stadtverordnetenversammlung beschlossen werden.

Nunmehr soll ein Bild der zu erstrebenden Verwaltungsgliederung der Stadtentwässerung entworfen werden.

B. Die Maschinenbetriebsabteilung.

Die Trennung des Maschinenbetriebes vom Kanalbetrieb ist auch für die zukünftige Entwicklung notwendig. Die große Bedeutung und die vollkommen andere Betriebsart des Maschinenbetriebes in Berlin gestattete es nicht, eine organisatorische Zusammenlegung mit dem Kanalbetrieb vorzunehmen. Dieser Standpunkt ändert sich in der Praxis auch dann nicht, wenn es gelingen sollte, von den Bezirksämtern losgelöste Entwässerungsämter einzuführen. Zudem kommt hinzu, daß eine Reduzierung der 14 Gruppen als Unterabteilungen der drei Maschinenämter schon aus räumlichen Gründen betrieblich nicht möglich ist.

C. Die Rieselfeldbau- und Betriebsabteilung.

Eine Änderung ihrer Organisation halte ich nicht für nötig. Das Vermessungsbüro, welches jetzt an die Stadtgüter-G. m. b. H. angeschlossen ist, muß zweckmäßigerweise zur Rieselfeldbauabteilung kommen. Eine wesentliche Umstellung müßte hingegen in der Bau- und Betriebsabteilung erfolgen.

D. Bau- und Betriebsabteilung.

Hier wäre eine Zusammenlegung möglich, die denselben Grad technischer Vollkommenheit verbürgt, aber dennoch Ersparnisse an persönlichen und sächlichen Kosten zur Folge hätte.

Statt der 20 in Kanalisationsfragen zuständigen Tiefbauämter werden 7 Entwässerungshauptämter gebildet, die den Bau und Betrieb ihres Entwässerungsbezirkes umfassen. Diesen Entwässerungshauptämtern werden örtliche Entwässerungsämter untergeordnet, die nur für den örtlichen Kanalbetrieb zuständig sind. Die Hauptämter stehen in ständigem Verkehr mit der Zentrale, die für den Kanalbetrieb einheitliche Richtlinien herausgibt sowie die Gerätebeschaffung und den Materialbedarf generell regelt. Mit dieser Lösung, deren Ausführungsplan am Schlusse der Untersuchungen dargestellt ist, ist der an anderer Stelle erhobenen Forderung, die Eigentümlichkeit der einzelnen Kanalnetze zu berücksichtigen, Rechnung getragen. Bau und Betrieb gehört in diesem Falle zusammen, da in der Praxis die Grenze des Wirkungskreises de facto nicht zu finden ist. Als verwaltungstechnische Änderung in der Zentrale muß vermerkt werden die Zusammenlegung der Bau- und Betriebsabteilung, wodurch an Kosten ebenfalls gespart werden könnte.

Als vorsichtige Schätzung der möglichen Ersparnisse an personellen Kosten gebe ich 30% an. Dieser Anteil kann als hinreichend genau gelten, da auch eine mit der Untersuchung dieser Frage seinerzeit beauftragte Stelle annähernd zu demselben Ergebnis gekommen ist.

Dies gibt eine Entlastung des Haushaltes um jährlich . . . . 300 000 M.
Durch Zusammenlegung der Bau- und Betriebsabteilung in der Zentrale
    jährliche Ersparnis im Betrage von . . . . 60 000 M.
Dazu die Ersparnisse an den sächlichen Kosten des Kanalbetriebes
    infolge der zentralen Regelung zu 15% geschätzt . . . . 155 000 M.
                                       515 000 M.

Zu den angeführten Ersparnissen kommt die auf Seite 66 errechnete hinzu, die als Folge der Loslösung von den Bezirksämtern anzusprechen ist, so daß eine jährliche Gesamtersparnis bei Einführung des selbständigen Kanalisationswerkes von

515 000 M.
+ 60 000 „
575 000 M.

angegeben werden kann.

Der an die Stadt Berlin aus der landwirtschaftlichen Nutzung des Rieselfeldes abgelieferte Barertrag von 885 000 M. müßte hier auch als Einnahme des Kanalisationswerkes genannt werden, so daß die Finanzen eine Besserung um 575 000 + 885 000 = 1 460 000 RM. aufweisen würden; das sind rund 8% des Gesamtetats der heutigen Stadtentwässerung. Auf die Entwässerungsgebühr übertragen, würde diese an Ersparnis 1 Pfennig auf den Kubikmeter Abwasser ausmachen, also 11 Pfennig gegenüber 12 Pfennig pro Kubikmeter betragen können. Die zu erstrebende Verwaltungsgliederung der Stadtentwässerung soll nachstehend skizziert werden.

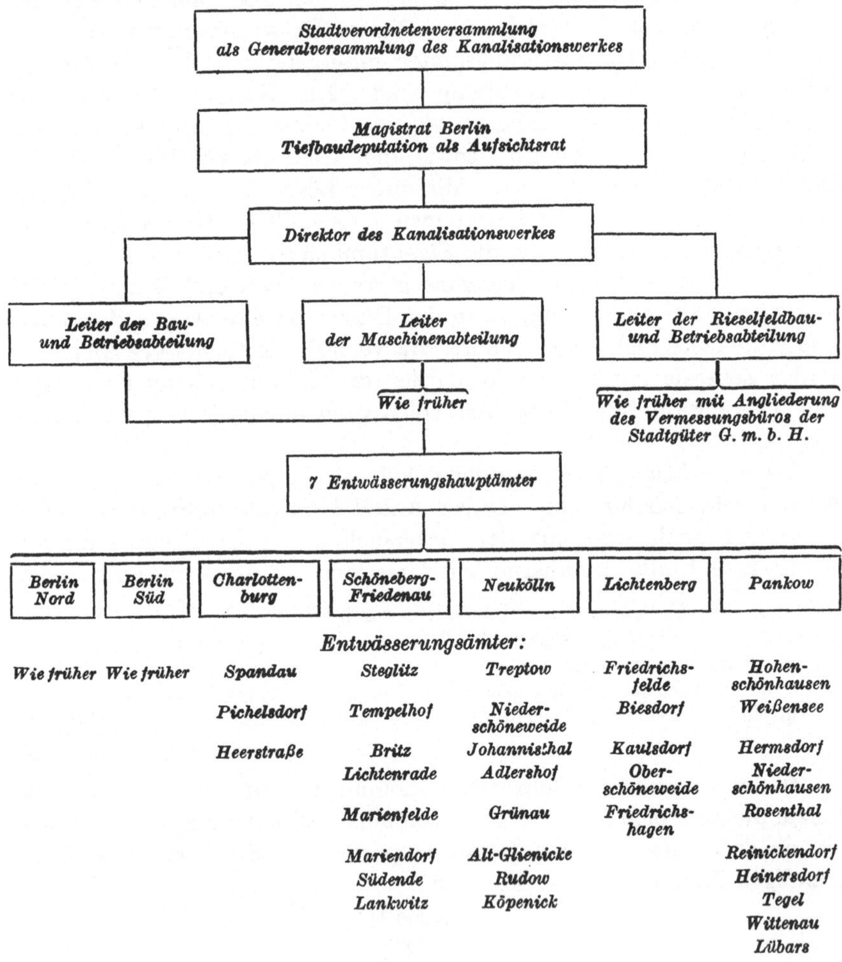

Anhang.

Tabelle 1. Betriebskosten in Pfennigen für 1 cbm.
Aus den Verwaltungsberichten des Magistrats!

R. S.	1901			1903			1905			1906		
	P.	K.	Summe	P.	K.	Summe	P.	K.	Summe	P.	K.	Summe
Rad. S. I	1,12	0,52	1,64	1,10	0,57	1,67	1,16	0,57	1,73	0,95	0,60	1,55
Rad. S. IX	2,23	0,92	3,15	1,78	0,96	2,74	1,62	0,82	2,44	1,28	0,62	1,90
Schöneberg	—	—	—	—	—	—	—	—	—	—	—	—

R. S.	1907			1908			1909			1910		
	P.	K.	Summe	P.	K.	Summe	P.	K.	Summe	P.	K.	Summe
Rad. S. I	1,06	0,67	1,73	1,44	0,62	1,06	1,40	0,55	1,95	1,33	0,56	1,89
Rad. S. IX	1,20	0,62	2,85	1,54	0,50	2,04	1,49	0,50	1,99	1,47	0,48	1,95
Rad. S. IX	—	—	—	—	—	—	—	—	—	5,49	1,27	6,76
Schöneberg	2,75	5,77	8,02	2,74	5,77	8,51	2,61	5,78	8,39	2,51	6,40	8,91

R. S.	1911			1912			1913			1914		
	P.	K.	Summe	P.	K.	Summe	P.	K.	Summe	P.	K.	Summe
Rad. S. I	1,30	0,52	1,82	1,47	0,49	1,96	1,44	0,50	1,94	1,46	0,51	1,97
Rad. S. IX	1,31	0,69	2,00	1,23	0,49	2,72	1,32	0,61	1,93	1,41	0,59	2,00
Rad. S. IX	4,54	1,34	5,88	3,85	1,14	4,99	3,43	0,97	4,40	3,10	1,00	4,10
Schöneberg	2,16	5,88	8,04	2,14	5,67	7,81	2,41	5,66	8,07	2,3	5,5	7,8

Anmerkung: P. = Pumpwerke, K. = Kanalbetrieb.

Tabelle 2. Betriebsergebnisse der Stahnsdorfer Kläranlage.

Jahr	Einwohnerzahl	Gefördertes Abwasser	Verwaltungskosten	Betriebskosten	Verzinsung und Tilgung	Kosten in Pfg. pro cbm
1909	124 817	5 061 002	22 775	20 641	471 057	0,4
1910	140 273	6 147 059	478 047			7,8
1911	152 864	7 165 701	478 856			6,8
1913	174 032	9 348 491	470 320			5,0
1914	175 223	9 587 169	475 706			5,0

Tabelle 3. Die Verteilung der einzelnen Ausgabeposten der Stadtentwässerung nach dem Etat 1926.

Gehälter . . . . 2 500 000 M.
Löhne: Pumpwerke . . . . 1 206 200 „
        Rieselfelder . . . . 392 000 „
        Straßenentwässerung . . . . . 1 300 000 „

Sächliche Kosten.

Pumpwerke, Druckrohre . . . . 2 500 000 M.
Straßenentwässerung . . . . 1 065 620 „
Rieselfelder . . . . 400 000 „
                           9 363 820 M.

Tabelle 4. Statistische Daten der Berliner Stadtentwässerung .1926.

Pumpwerke . . . . 72, davon 14 Überpumpwerke.
Geförderte Wassermengen . . . . 160 Millionen cbm im Jahr.
Pferdekräfte . . . . 31 000 PS. effektiv, maximal 20% mehr.
Gesamtpersonal der Stadtentwässerung: Beamte . . .   409
                                       Angestellte . .   51
                                       Arbeiter . . . 1356
                                                      1816 Personen.

Kraftverbrauch Kohle: Jahresverbrauch . . . . 40 300 to Steinkohle
                                                     8 100 „ Koks
                                                    48 000 to.

Straßenleitungsnetz:
        Anzahl der angeschlossenen Grundstücke 75 000
                                            =   4 200 km Länge
        Druckrohrnetz . . . .   600 „   „

Verzeichnis der benutzten Literatur.

Wiebe, Reinigung und Entwässerung von Berlin. Berlin 1861. Verlag Königl.
        Staatsdruckerei.
Backhaus, Rieselgüter Berlins, allgemeiner Wirtschaftsplan. Berlin 1905.
        Verlag Loewenthal.
Nasch, Volkswirtschaftliche Bedeutung der Berliner Rieselfelder. Berlin 1916.
        Verlag Haymanns.
Salomon, Abwässerlexikon. Jena 1906. Verlag Gustav Fischer.
Hobrecht, Die Kanalisation von Berlin. Berlin 1884. Verlag Ernst & Korn.
Verwaltungsbericht von Berlin und den Vororten, Geschäftsbericht 1924/1925 und
        Bilanzen der Stadtgüter-G. m. b. H.
Frühling, Handbuch der Ingenieurwissenschaften III. Leipzig 1912, Verlag
        Engelmann.
Gerhardt, P., Handbuch der Ingenieurwissenschaften VII. Leipzig 1912.
        Verlag Engelmann.
Imhoff, K., Fortschritte der Abwasserreinigung. Berlin 1926. Verlag Carl
        Heymann.